Versuch einer Theorie der electrischen und optischen Erscheinungen in bewegten Körpern

HENDRIK ANTOON LORENTZ

CAMBRIDGE
UNIVERSITY PRESS

CAMBRIDGE
UNIVERSITY PRESS

University Printing House, Cambridge, CB2 8BS, United Kingdom

Published in the United States of America by Cambridge University Press, New York

Cambridge University Press is part of the University of Cambridge.
It furthers the University's mission by disseminating knowledge in the pursuit of
education, learning and research at the highest international levels of excellence.

www.cambridge.org
Information on this title: www.cambridge.org/9781108052771

© in this compilation Cambridge University Press 2013

This edition first published 1895
This digitally printed version 2013

ISBN 978-1-108-05277-1 Paperback

CAMBRIDGE LIBRARY COLLECTION

Books of enduring scholarly value

Physical Sciences

From ancient times, humans have tried to understand the workings of the world around them. The roots of modern physical science go back to the very earliest mechanical devices such as levers and rollers, the mixing of paints and dyes, and the importance of the heavenly bodies in early religious observance and navigation. The physical sciences as we know them today began to emerge as independent academic subjects during the early modern period, in the work of Newton and other 'natural philosophers', and numerous sub-disciplines developed during the centuries that followed. This part of the Cambridge Library Collection is devoted to landmark publications in this area which will be of interest to historians of science concerned with individual scientists, particular discoveries, and advances in scientific method, or with the establishment and development of scientific institutions around the world.

Versuch einer Theorie der electrischen und optischen Erscheinungen in bewegten Körpern

The Dutch physicist Hendrik Antoon Lorentz (1853–1928) was educated at the University of Leiden, where he later became a professor of theoretical physics. A leading figure in his field, he established the basic mathematical principles that were later used by Albert Einstein for his theory of relativity. Lorentz and his colleague Pieter Zeeman won the Nobel Prize in Physics in 1902 for their researches into the influence of magnetism upon radiation phenomena (the Zeeman effect). In 1905 Lorentz was also elected a Fellow of the Royal Society, which awarded him the Rumford and Copley Medals. Contributing to the discussion of the theory of a luminiferous ether – soon to be superseded by special relativity – this work, first published in 1895, looks at electromagnetic phenomena (the propagation of light) in relation to moving bodies and optics.

Cambridge University Press has long been a pioneer in the reissuing of out-of-print titles from its own backlist, producing digital reprints of books that are still sought after by scholars and students but could not be reprinted economically using traditional technology. The Cambridge Library Collection extends this activity to a wider range of books which are still of importance to researchers and professionals, either for the source material they contain, or as landmarks in the history of their academic discipline.

Drawing from the world-renowned collections in the Cambridge University Library and other partner libraries, and guided by the advice of experts in each subject area, Cambridge University Press is using state-of-the-art scanning machines in its own Printing House to capture the content of each book selected for inclusion. The files are processed to give a consistently clear, crisp image, and the books finished to the high quality standard for which the Press is recognised around the world. The latest print-on-demand technology ensures that the books will remain available indefinitely, and that orders for single or multiple copies can quickly be supplied.

The Cambridge Library Collection brings back to life books of enduring scholarly value (including out-of-copyright works originally issued by other publishers) across a wide range of disciplines in the humanities and social sciences and in science and technology.

VERSUCH EINER THEORIE

DER

ELECTRISCHEN UND OPTISCHEN ERSCHEINUNGEN IN BEWEGTEN KÖRPERN

VON

H. A. LORENTZ,

PROFESSOR AN DER UNIVERSITÄT LEIDEN.

LEIDEN. — E. J. BRILL.
1895.

INHALT.

Seite

Einleitung 1

Einige Definitionen und mathematische Bezeichnungen 9

ABSCHNITT I. Die Grundgleichungen für ein System in den Aether
eingelagerter Ionen 14

» II. Electrische Erscheinungen in ponderablen Körpern,
welche sich mit einer constanten Geschwindigkeit
durch den ruhenden Aether verschieben 31

» III. Untersuchung der Schwingungen, welche von oscillirenden Ionen erregt werden. 48

» IV. Die Bewegungsgleichungen des Lichtes für ponderable Körper 59

» V. Anwendung auf die optischen Erscheinungen . . 82

» VI. Versuche, deren Ergebnisse sich nicht ohne weiteres
erklären lassen 115

EINLEITUNG.

§ 1. Die Frage, ob der Aether an der Bewegung ponderabler Körper theilnehme oder nicht, hat noch immer keine alle Physiker befriedigende Beantwortung gefunden. Für die Entscheidung können in erster Linie die Aberration des Lichtes und die damit zusammenhängenden Erscheinungen herangezogen werden, doch hat sich bis jetzt keine der beiden streitigen Theorieen, weder die von FRESNEL, noch die von STOKES, allen Beobachtungen gegenüber voll und ganz bewährt, und so kann man bei der Wahl zwischen beiden Ansichten nur davon ausgehen, dass man die hüben und drüben noch verbleibenden Schwierigkeiten gegen einander abwägt. Auf diese Weise wurde ich schon vor längerer Zeit zu der Meinung geführt, dass man mit der Auffassung FRESNEL's, also mit der Annahme eines unbeweglichen Aethers, auf dem richtigen Wege sei. Zwar lässt sich gegen die Ansicht des Herrn STOKES kaum mehr als das eine Bedenken erheben, dass seine Voraussetzungen über die in der Nähe der Erde stattfindende Aetherbewegung sich widersprechen [1]), aber dieses Bedenken fällt schwer ins Gewicht und ich sehe gar nicht, wie dasselbe zu beseitigen wäre.

Der FRESNEL'schen Theorie erwachsen Schwierigkeiten durch den bekannten Interferenzversuch des Hrn. MICHELSON [2]) und, wie Einige meinen, auch durch die Experimente, mittelst welcher Hr. DES COUDRES einen Einfluss der Erdbewegung auf die

---

1) LORENTZ. De l'influence du mouvement de la terre sur les phénomènes lumineux. Arch. néerl., T. 21, p. 103, 1887; LODGE. Aberration problems. London Phil. Trans., Vol. 184, A, p. 727, 1893; LORENTZ. De aberratietheorie van STOKES. Zittingsverslagen der Akad. v. Wet. te Amsterdam, 1892—93, p. 97.

2) MICHELSON. American Journal of Science, 3d. Ser., Vol. 22, p. 120; Vol. 34, p. 333, 1887; Phil. Mag., 5th. Ser., Vol. 24, p. 449, 1887.

Induction zweier Stromkreise vergebens nachzuweisen suchte [1]).
Die Resultate des amerikanischen Forschers lassen indess eine
Deutung durch eine Hülfshypothese zu, und was Hr. Des Coudres gefunden hat, erklärt sich sogar ganz ungezwungen ohne
eine solche.

Mit den Beobachtungen des Hrn. Fizeau [2]) über die Drehung
der Polarisationsebene in Glassäulen hat es eine eigene Bewandt-
niss. Auf den ersten Blick spricht das Ergebniss entschieden
gegen die Stokes'sche Auffassung. Als ich aber die Fresnel'-
sche Theorie weiter zu entwickeln suchte, und es mit der Erklärung der Fizeau'schen Versuche nicht recht von statten
gehen wollte, vermuthete ich allmählich, dass das Ergebniss
derselben durch Beobachtungsfehler zustandegekommen sei, oder
doch wenigstens nicht den theoretischen Betrachtungen ent-
sprochen habe, welche den Ausgangspunkt für die Experimente
bildeten. Wie Hr. Fizeau die Güte hatte, meinem Collegen,
Hrn. van de Sande Bakhuijzen, auf dessen Anfrage mitzutheilen, sieht er seine Beobachtungen gegenwärtig selbst nicht
als entscheidend an.

Im weiteren Verlaufe dieser Arbeit werde ich auf einige der
hier berührten Fragen ausführlicher zurückkommen. Hier war
es mir nur darum zu thun, den Standpunkt, den ich einge-
nommen habe, vorläufig zu rechtfertigen.

Es lassen sich zu Gunsten der Fresnel'schen Theorie verschiedene wohlbekannte Gründe anführen. Vor allem die Unmöglichkeit, den Aether zwischen feste oder flüssige Wände
einzusperren. Soviel wir wissen, verhält sich ein luftleerer
Raum, bei der Bewegung ponderabler Körper, in mechani-
scher Hinsicht wie ein wirkliches Vacuum. Wenn man sieht,
wie das Quecksilber eines Barometers bei Neigung der Röhre
bis zu deren Gipfel steigt, oder wie leicht sich eine geschlossene metallene Hülle zusammendrücken lässt, so kann man
sich der Vorstellung nicht erwehren, dass die festen und flüs-
sigen Körper den Aether ungehindert durchlassen. Man wird ja

---

1) Des Coudres. Wied. Ann., Bd. 38, p. 71, 1889.
2) Fizeau. Ann. de chim et de phys., 3e sér., T. 58, p. 129, 1860; Pogg. Ann.,
Bd. 114, p. 554, 1861.

schwerlich annehmen, es könne dieses Medium eine Compression erleiden, ohne derselben einen Widerstand entgegenzusetzen.

Dass *durchsichtige* Körper sich bewegen können, ohne dem Aether, den sie enthalten, ihre volle Geschwindigkeit mitzutheilen, beweist FIZEAU's berühmter Interferenzversuch mit strömendem Wasser [1]). Dieses Experiment, das später von den Herren MICHELSON und MORLEY [2]) in grösserem Maassstabe wiederholt worden ist, könnte unmöglich den beobachteten Erfolg haben, wenn *Alles*, was sich in einer der Röhren befindet, eine gemeinsame Geschwindigkeit hätte. Fraglich bleibt nach demselben nur noch das Verhalten undurchsichtiger Stoffe und sehr ausgedehnter Körper.

Zu bemerken ist übrigens, dass man sich die Durchdringlichkeit eines Körpers für den Aether auf zweierlei Weise vorstellen kann. Einmal könnte diese Eigenschaft den einzelnen Atomen fehlen und dennoch, wenn dieselben im Vergleich mit den Zwischenräumen äusserst klein sind, einer grösseren Masse zukommen; zweitens aber lässt sich annehmen — und diese Hypothese werde ich im Folgenden zu Grunde legen —, dass die ponderable Materie *absolut* durchdringlich ist, dass nämlich an der Stelle eines Atoms zugleich auch der Aether besteht, was begreiflich wäre, wenn man in den Atomen örtliche Modificationen des Aethers erblicken dürfte.

Es liegt nicht in meiner Absicht, auf derartige Speculationen näher einzugehen oder Vermuthungen über die Natur des Aethers auszusprechen. Ich wünsche nur, mich von vorgefassten Meinungen über diesen Stoff möglichst frei zu halten und demselben z. B. keine von den Eigenschaften der gewöhnlichen Flüssigkeiten und Gase zuzuschreiben. Sollte es sich ergeben, dass eine Darstellung der Erscheinungen am besten unter der Voraussetzung absoluter Durchdringlichkeit gelänge, dann müsste man sich zu einer solchen Annahme einstweilen schon verstehen und es der weiteren Forschung überlassen, uns, womöglich, ein tieferes Verständniss zu erschliessen.

---

1) FIZEAU. Ann. de chim. et de phys., 3e sér. T. 57, p. 385, 1859; POGG. ANN., Erg. 3, p. 457, 1853.

2) MICHELSON and MORLEY. American Journal of Science, 3d. ser., Vol. 31, p. 377, 1886.

Dass von *absoluter* Ruhe des Aethers nicht die Rede sein kann, versteht sich wohl von selbst; der Ausdruck würde sogar nicht einmal Sinn haben. Wenn ich der Kürze wegen sage, der Aether ruhe, so ist damit nur gemeint, dass sich der eine Theil dieses Mediums nicht gegen den anderen verschiebe und dass alle wahrnehmbaren Bewegungen der Himmelskörper relative Bewegungen in Bezug auf den Aether seien.

§ 2. Seitdem die Anschauungen MAXWELL's sich immer mehr Bahn gebrochen haben, ist die Frage nach dem Verhalten des Aethers auch für die Electricitätslehre von hoher Wichtigkeit geworden. Es kann ja, streng genommen, kein einziger Versuch, bei dem sich ein geladener Körper oder ein Stromleiter bewegt, gründlich behandelt werden, wenn man sich nicht zugleich über Ruhe oder Bewegung des Aethers ausspricht. Bei jeder electrischen Erscheinung entsteht die Frage, ob ein Einfluss der Erdbewegung zu erwarten sei, und was die Folgen dieser letzteren bei den optischen Erscheinungen betrifft, so ist von der electromagnetischen Lichttheorie zu verlangen, dass sie von den bereits festgestellten Thatsachen Rechenschaft gebe. Die Aberrationstheorie gehört nämlich nicht zu jenen Theilen der Optik, zu deren Behandlung die allgemeinen Principien der Wellenlehre ausreichen. Sobald ein Fernrohr ins Spiel kommt, kann man nicht umhin, für die Linsen den FRESNEL'schen Fortführungscoefficienten anzuwenden, dessen Werth doch eben nur aus speciellen Annahmen über die Natur der Lichtschwingungen abzuleiten ist.

Dass die electromagnetische Lichttheorie nun aber wirklich zu dem von FRESNEL angenommenen Coefficienten führt, wurde vor zwei Jahren von mir dargelegt [1]). Seitdem habe ich die Theorie erheblich vereinfacht und sie auch auf die Vorgänge bei der Reflexion und Brechung, sowie auf doppeltbrechende Körper ausgedehnt [2]). Es möge mir deshalb gestattet sein, jetzt auf die Sache zurückzukommen.

------

1) LORENTZ. La théorie électromagnétique de MAXWELL et son application aux corps mouvants. Leide, E. J. Brill, 1892. (Auch erschienen in den Arch. néerl., T. 25).
2) Vorläufige Mittheilungen hierüber erschienen in den Zittingsverslagen der Akad. v. Wet. te Amsterdam, 1892—93, pp. 28 und 149.

Um zu den Grundgleichungen für die electrischen Erscheinungen in bewegten Körpern zu gelangen, habe ich mich einer Auffassung angeschlossen, die in den letzten Jahren von mehreren Physikern vertreten worden ist; ich habe nämlich angenommen, dass sich in allen Körpern kleine, electrisch geladene Massentheilchen befinden und dass alle electrischen Vorgänge auf der Lagerung und Bewegung dieser „Ionen" beruhen. Was die Electrolyte betrifft, so ist diese Auffassung allgemein als die einzig mögliche anerkannt, und die Herren GIESE [1]), SCHUSTER [2]), ARRHENIUS [3]), ELSTER und GEITEL [4]) haben die Meinung vertheidigt, dass man es auch bei der Electricitätsleitung in Gasen mit einer Convection durch Ionen zu thun habe. Wie mir scheint, steht nichts der Annahme im Wege, dass auch die Molecüle ponderabler dielectrischer Körper solche Theilchen enthalten, die an bestimmte Gleichgewichtslagen gebunden sind und nur durch äussere electrische Kräfte daraus verschoben werden; hierin bestände dann eben die „dielectrische Polarisation" derartiger Körper.

Die periodisch wechselnden Polarisationen, welche nach der MAXWELL'schen Theorie einen Lichtstrahl bilden, werden bei dieser Auffassung zu Vibrationen der Ionen. Bekanntlich wurde von vielen Forschern, die sich auf den Boden der älteren Lichttheorie stellten, ein Mitschwingen der ponderablen Materie als die Ursache der Farbenzerstreuung betrachtet, und diese Erklärung lässt sich der Hauptsache nach in die electromagnetische Lichttheorie aufnehmen, wozu es nur nöthig ist, den Ionen eine gewisse Masse zuzuschreiben. Ich habe das in einer früheren Abhandlung gezeigt [5]), in welcher ich die Bewegungsgleichungen freilich noch aus Fernwirkungen ableitete, und nicht, was ich jetzt für viel einfacher erachte, aus MAXWELL'schen Begriffen.

---

1) GIESE. Wied. Ann., Bd. 17, p. 538, 1882.
2) SCHUSTER. Proc. Roy. Soc., Vol. 37, p. 317, 1884.
3) ARRHENIUS. Wied. Ann., Bd. 32, p. 565, 1887; Bd. 33, p. 638, 1888.
4) ELSTER und GEITEL. Wiener Sitz.-Ber., Bd. 97, Abth. 2, p. 1255, 1888.
5) LORENTZ. Over het verband tusschen de voortplantingssnelheid van het licht en de dichtheid en samenstelling der middenstoffen. Verhandelingen der Akad. van Wet te Amsterdam, Deel 18, 1878; Wied. Ann., Bd. 9, p. 641, 1880.

Später ist VON HELMHOLTZ [1]) in seiner electromagnetischen Theorie der Farbenzerstreuung von demselben Gesichtspunkt ausgegangen [2]).

Hr. GIESE [3]) hat auf verschiedene Fälle die Hypothese angewandt, dass auch in metallischen Leitern die Electricität an Ionen gebunden sei; aber das Bild, welches er von den Vorgängen in diesen Körpern entwirft, ist in *einem* Punkte wesentlich verschieden von den Vorstellungen, die man von der Leitung in Electrolyten hat. Während die Theilchen eines gelösten Salzes, wie oft sie auch immer von den Wassermolecülen aufgehalten werden mögen, schliesslich über grosse Strecken wandern können, dürften die Ionen in einem Kupferdrahte wohl schwerlich eine so grosse Beweglichkeit besitzen. Man kann sich jedoch an einem Hin- und Hergehen über moleculare Distanzen genügen lassen, wenn man nur annimmt, dass häufig ein Ion seine Ladung an ein andres abtrete, oder dass zwei entgegengesetzt geladene Ionen, falls sie sich begegnen, oder nachdem sie mit einander „verbunden" sind, ihre Ladungen gegen einander austauschen. Jedenfalls müssen solche Vorgänge an der Grenze zweier Körper stattfinden, wenn ein Strom von dem einen zum anderen übergeht. Werden z. B. aus einer Salzlösung n positiv geladene Kupferatome an einer Kupferplatte abgeschieden, und man will auch in dieser letzteren alle Electricität an Ionen binden, so hat man anzunehmen, dass die Ladungen auf n Atome in der Platte übergehen, oder dass $\frac{1}{2} n$ der niedergeschlagenen Theilchen ihre Ladungen austauschen mit $\frac{1}{2} n$ negativ geladenen Kupferatomen, die sich schon in der Electrode befanden.

Ist somit die Annahme dieses Ueberganges oder Austausches der Ionenladungen — eines freilich noch sehr dunklen Vorganges — die unerlässliche Ergänzung jeder Theorie, welche

---

1) v. HELMHOLTZ Wied. Ann., Bd. 48, p. 389, 1893.
2) Auch Hr. KOLÁČEK (Wied. Ann., Bd. 32, pp. 224 und 429, 1887) hat, obgleich in anderer Weise, eine Erklärung der Dispersion aus den electrischen Schwingungen in den Molecülen versucht.
Zu erwähnen ist auch noch die Theorie des Hrn GOLDHAMMER (Wied. Ann., Bd. 47, p. 93, 1892).
3) GIESE. Wied. Ann., Bd. 37, p. 576, 1889.

eine Fortführung der Electricität durch Ionen voraussetzt, so besteht ein anhaltender electrischer Strom auch nie in einer Convection *allein*, wenigstens dann nicht, wenn die Mittelpunkte zweier sich berührender oder mit einander verbundener Theilchen in einiger Entfernung *l* von einander liegen. Die Electricitätsbewegung geschieht dann ohne Convection über eine Strecke von der Ordnung *l*, und nur wenn diese sehr klein ist im Verhältniss zu den Strecken, über welche eine Convection stattfindet, hat man es im Ganzen fast nur mit dieser letzteren Erscheinung zu thun.

Hr. GIESE ist der Meinung, dass in den Metallen eine wirkliche Convection gar nicht im Spiele sei. Da es aber nicht möglich scheint, das „Ueberspringen" der Ladungen in die Theorie aufzunehmen, so wolle man entschuldigen, dass ich meinerseits von einem solchen Vorgange gänzlich absehe und mir einen Strom in einem Metalldraht einfach als eine Bewegung geladener Theilchen denke.

Weitere Forschung wird darüber zu entscheiden haben, ob die Ergebnisse der Theorie bei einer anderen Auffassung bestehen bleiben.

§ 3. Die Ionentheorie war für meinen Zweck sehr geeignet, weil sie es ermöglicht, die Durchdringlichkeit für den Aether in ziemlich befriedigender Weise in die Gleichungen einzuführen. Natürlich zerfallen diese in zwei Gruppen. Erstens ist auszudrücken, wie der Zustand des Aethers durch Ladung, Lage und Bewegung der Ionen bestimmt wird; sodann ist, zweitens, anzugeben, mit welchen Kräften der Aether auf die geladenen Theilchen wirkt. In meiner bereits citirten Abhandlung [1]) habe ich die Formeln mittelst des D'ALEMBERT'schen Princips aus einigen Annahmen abgeleitet und also einen Weg gewählt, der mit MAXWELL's Anwendung der LAGRANGE'schen Gleichungen viele Aehnlichkeit hat. Jetzt ziehe ich es der Kürze wegen vor, die Grundgleichungen selbst als Hypothesen hinzustellen.

Die Formeln für den Aether stimmen, was den Raum zwi-

---

1) LORENTZ. La théorie électromagnétique de MAXWELL et son application aux corps mouvants.

schen den Ionen betrifft, mit den bekannten Gleichungen der
MAXWELL'schen Theorie überein und drücken im allgemeinen
aus, dass sich jede Veränderung, welche ein Ion im Aether
hervorruft, mit der Geschwindigkeit des Lichtes fortpflanzt.
Die Kraft aber, die der Aether auf ein geladenes Theilchen
ausübt, betrachten wir als abhängig von dem Zustande, in
welchem jenes Medium an der Stelle, wo das Theilchen ist,
sich befindet. Das angenommene Grundgesetz unterscheidet sich
also in einem wesentlichen Punkte von den Gesetzen, die WEBER
und CLAUSIUS aufgestellt haben. Der Einfluss, den ein Theilchen
B in Folge der Nähe eines zweiten *A* erleidet, hängt zwar von
der Bewegung dieses letzteren ab, jedoch nicht von dessen *augen-
blicklicher* Bewegung. Maassgebend ist vielmehr die Bewegung,
welche dieses *A* einige Zeit früher hatte, und das angenommene Gesetz entspricht also der Forderung, welche GAUSS im
Jahre 1845 in seinem bekannten Brief an WEBER [1]) an die
Theorie der Electrodynamik stellte.

Ueberhaupt liegt in den Annahmen, die ich einführe, in
gewissem Sinne eine Rückkehr zu der älteren Electricitäts-
theorie. Der Kern der MAXWELL'schen Anschauungen geht
damit nicht verloren, aber es ist nicht zu leugnen, dass man
mit der Annahme von Ionen nicht mehr weit entfernt ist von
den electrischen Theilchen, mit denen man früher operirte.
In gewissen einfachen Fällen tritt dies besonders hervor. Da
wir das Wesen einer electrischen Ladung in einer Anhäufung
positiv oder negativ geladener Theilchen sehen, und unsere
Grundformeln für ruhende Ionen das COULOMB'sche Gesetz ergeben, so lässt sich z.B. die ganze Electrostatik nun wieder
auf die frühere Form bringen.

---

1) GAUSS. Werke, Bd. 5, p. 629.

EINIGE DEFINITIONEN
UND MATHEMATISCHE BEZEICHNUNGEN.

§ 4. *a.* Wir wollen sagen, dass einer Rotation in einer Ebene eine bestimmte Richtung der Normale *entspreche*, und zwar soll das die Richtung nach derjenigen Seite sein, auf der sich ein Beobachter befinden muss, damit für ihn die Rotation in einer der Uhrzeigerbewegung entgegengesetzten Richtung verlaufe.

b. Die zu einander senkrechten Coordinatenaxen O X, O Y, O Z wählen wir so, dass die Richtung von O Z einer Drehung um einen rechten Winkel von O X nach O Y entspricht.

c. Einen Raum, eine Fläche und eine Linie bezeichnen wir durchgängig mit den Buchstaben τ, σ und s, unendlich kleine Theile mit $d\tau$, $d\sigma$ und ds.

Die Normale zu einer Fläche wird mit n angedeutet und immer nach einer bestimmten Seite, der „positiven", gezogen. Bei einer Linie wird eine bestimmte Richtung „positiv" genannt, und zwar beachten wir, wenn es sich um die Randlinie s einer Fläche σ handelt, folgende Regel: Ist P ein fester Punkt von σ, ganz nahe an s, und durchläuft ein zweiter Punkt Q den nächstliegenden Theil von s in der positiven Richtung, so soll die Rotation von PQ der Richtung der Normale zu σ entsprechen.

Bei einer geschlossenen Fläche soll die *Aussenseite* die positive sein.

d. Vectoren bezeichnen wir in der Regel mit deutschen Buchstaben; dieselben dienen mitunter auch dazu, lediglich die Grösse anzugeben. Unter $\mathfrak{A}_l$ verstehen wir die Componente des Vectors $\mathfrak{A}$ nach der Richtung l; unter $\mathfrak{A}_x$, $\mathfrak{A}_y$, $\mathfrak{A}_z$ also die Componenten nach den Axenrichtungen.

Für einen Vector mit den Componenten X, Y, Z schreiben wir gelegentlich auch (X, Y, Z).

e. Ist φ eine scalare Grösse, so verstehen wir unter $\dot\varphi$ den Differentialquotienten nach der Zeit t. Das Zeichen $\dot{\mathfrak{A}}$ bedeutet einen Vector mit den Componenten: $\dot{\mathfrak{A}}_x$, $\dot{\mathfrak{A}}_y$, $\dot{\mathfrak{A}}_z$, oder

$$\frac{\partial\,\mathfrak{A}_x}{\partial\,t}, \quad \text{u. s. w.}$$

f. Den Ausdruck

$$\int \mathfrak{A}_n\,d\,\sigma$$

nennen wir das „Integral des Vectors $\mathfrak{A}$ über die Fläche σ", und die Grösse

$$\int \mathfrak{A}_s\,d\,s$$

das „Linienintegral für die Linie s."

g. Ist ein Vector $\mathfrak{A}$ in jedem Punkte des Raumes gegeben, so hat überall

$$\frac{\partial\,\mathfrak{A}_x}{\partial\,x} + \frac{\partial\,\mathfrak{A}_y}{\partial\,y} + \frac{\partial\,\mathfrak{A}_z}{\partial\,z}$$

einen bestimmten, von der Wahl des Coordinatensystems unabhängigen Werth. Wir nennen diese Grösse die *Divergenz* des Vectors $\mathfrak{A}$ und bezeichnen sie mit

$$Div\ \mathfrak{A}.$$

Für jeden durch eine Fläche σ begrenzten Raum gilt die Beziehung

$$\int Div\ \mathfrak{A}\,d\,\tau = \int \mathfrak{A}_n\,d\,\sigma,$$

wenn, wie bereits gesagt, die Normale n nach aussen gezogen wird.

h. Die Grössen

$$\frac{\partial\,\mathfrak{A}_z}{\partial\,y} - \frac{\partial\,\mathfrak{A}_y}{\partial\,z}, \ \frac{\partial\,\mathfrak{A}_x}{\partial\,z} - \frac{\partial\,\mathfrak{A}_z}{\partial\,x}, \ \frac{\partial\,\mathfrak{A}_y}{\partial\,x} - \frac{\partial\,\mathfrak{A}_x}{\partial\,y}$$

lassen sich als die Componenten eines Vectors $\mathfrak{B}$ auffassen, der, unabhängig von dem gewählten Coordinatensystem, durch die Vertheilung von $\mathfrak{A}$ bestimmt ist. Wir nennen diesen neuen Vector die *Rotation* von $\mathfrak{A}$ und bezeichnen denselben mit

$$Rot\ \mathfrak{A},$$

und seine Componenten gelegentlich mit

$$[Rot\,\mathfrak{A}]_l.$$

Ist s die Randlinie einer Fläche σ, so hat man

$$\int \mathfrak{A}_s\, d\,s = \int \mathfrak{B}_n\, d\,\sigma. \quad \ldots \ldots \ldots (1)$$

Weiter findet man leicht

$$Div\,Rot\,\mathfrak{A} = 0,$$

und für die Componenten des Vectors $Rot\,Rot\,\mathfrak{A}$

$$\frac{\partial}{\partial\,x}\, Div\,\mathfrak{A} - \triangle\,\mathfrak{A}_x, \quad \text{u. s. w.}$$

Das Zeichen $\triangle$ hat hier, wie in allen unseren Formeln, die Bedeutung

$$\triangle = \frac{\partial^2}{\partial\,x^2} + \frac{\partial^2}{\partial\,y^2} + \frac{\partial^2}{\partial\,z^2}.$$

i. Sind m und n scalare Grössen, so legen wir den Ausdrücken

$$-\,\mathfrak{A},\ m\,\mathfrak{A},\ m\,\mathfrak{A} \pm n\,\mathfrak{B}$$

die bekannten Bedeutungen bei.

j. Unter $[\mathfrak{A}.\mathfrak{B}]$ verstehen wir das sogenannte „Vectorproduct", einen Vector nämlich, dessen Grösse durch den Inhalt des über $\mathfrak{A}$ und $\mathfrak{B}$ beschriebenen Parallelogramms gegeben wird, und dessen Richtung senkrecht auf der durch $\mathfrak{A}$ und $\mathfrak{B}$ gelegten Ebene steht, und zwar so, dass sie einer Rotation um weniger als 180° entspricht, durch welche die Richtung von $\mathfrak{A}$ in die Richtung von $\mathfrak{B}$ übergeführt wird.

Für die Componenten lässt sich schreiben $[\mathfrak{A}.\mathfrak{B}]_l$; die Componenten nach den Axenrichtungen sind

$$\mathfrak{A}_y\,\mathfrak{B}_z - \mathfrak{A}_z\,\mathfrak{B}_y,\ \mathfrak{A}_z\,\mathfrak{B}_x - \mathfrak{A}_x\,\mathfrak{B}_z,\ \mathfrak{A}_x\,\mathfrak{B}_y - \mathfrak{A}_y\,\mathfrak{B}_x,$$

und es ist

$$[\mathfrak{B}.\mathfrak{A}] = -\,[\mathfrak{A}.\mathfrak{B}].$$

k. Der Vortheil der oben eingeführten Bezeichnungen besteht hauptsächlich darin, dass sich jetzt drei Gleichungen wie

$$\mathfrak{A}_x = \mathfrak{B}_x,\ \mathfrak{A}_y = \mathfrak{B}_y,\ \mathfrak{A}_z = \mathfrak{B}_z$$

in die eine Formel

$$\mathfrak{A} = \mathfrak{B}$$

zusammenfassen lassen. Jedoch werden wir bei der Untersuchung specieller Bewegungszustände oft die drei einzelnen Gleichungen benutzen. Haben diese dieselbe Gestalt, sodass sie durch cyclische Vertauschung der Buchstaben in einander übergehen, so können wir uns darauf beschränken, nur die erste Gleichung niederzuschreiben und die beiden anderen durch ein „u. s. w.“ anzudeuten.

l. Wir werden häufig Körper mit molecularem Gefüge zu betrachten haben. Es kommen dann Functionen vor, deren Werth in den einzelnen Molecülen und in den Zwischenräumen *rasch* wechselt, und zwar oft in höchst unregelmässiger Weise, da ja die Molecüle selbst nicht immer regelmässig angeordnet und orientirt sind. In diesen Fällen empfiehlt es sich, mit *Mittelwerthen* zu rechnen, welche wir folgendermaassen definiren:

Man beschreibe um einen Punkt P als Mittelpunkt eine Kugel vom Inhalt I und berechne für dieselbe, wenn φ die zu betrachtende Grösse ist, das Integral $\int \varphi \, d\tau$. Wir nennen dann

$$\frac{1}{I} \int \varphi \, d\tau , \ldots \ldots \ldots \ldots \ldots \quad (2)$$

wofür wir $\overline{\varphi}$ schreiben wollen, den „Mittelwerth von φ im Punkte P“.

Gibt man, wo immer auch P liegen möge, der Kugel stets dieselbe Grösse, so kann $\overline{\varphi}$ offenbar nur noch von t und den Coordinaten x, y, z des Punktes P abhängen. Es ist klar, dass auch $\overline{\varphi}$ noch „rasche“ Veränderungen von Punkt zu Punkt zeigen wird, so lange die Kugel nur wenige Molecüle umfasst, dass aber bei fortwährender Vergrösserung derselben jene Veränderungen immer mehr zurücktreten werden. Man denke sich nun ein für alle Mal einen bestimmten Radius R gewählt, der gerade so gross ist, dass — mit Rücksicht auf den bei den Beobachtungen erreichbaren Genauigkeitsgrad — von den raschen Veränderungen in $\overline{\varphi}$ abgesehen werden darf. Es bleiben dann nur noch die langsameren Veränderungen von Punkt zu Punkt, die unseren Sinnen zugänglich sind, übrig, und diese gehen in allen wirklich untersuchten Fällen sogar so langsam vor sich, dass sie in Räumen, die erheblich grösser sind als die Kugel I, noch kaum hervortreten. In diesen Fällen wird $\overline{\varphi}$

auch dann noch durch den Ausdruck (2) gegeben, wenn man diesen nicht auf die genannte Kugel, sondern auf einen beliebig gestalteten grösseren Raum anwendet.

Natürlich ist, sobald φ selbst keine raschen Veränderungen zeigt, überall $\overline{\varphi} = \varphi$.

Weiter findet man leicht

$$\frac{\partial \overline{\varphi}}{\partial t} = \overline{\frac{\partial \varphi}{\partial t}}, \quad \frac{\partial \overline{\varphi}}{\partial x} = \overline{\frac{\partial \varphi}{\partial x}}, \quad \text{u. s. w.}$$

m. Unter dem Mittelwerth eines Vectors $\mathfrak{A}$ verstehen wir einen Vector — er möge $\overline{\mathfrak{A}}$ heissen —, dessen Componenten die Mittelwerthe von $\mathfrak{A}_x$, $\mathfrak{A}_y$, $\mathfrak{A}_z$ sind. Demnach haben wir

$$\dot{\overline{\mathfrak{A}}} = \overline{\dot{\mathfrak{A}}}, \quad Div\,\overline{\mathfrak{A}} = \overline{Div\,\mathfrak{A}}, \quad Rot\,\overline{\mathfrak{A}} = \overline{Rot\,\mathfrak{A}}.$$

ABSCHNITT I.

DIE GRUNDGLEICHUNGEN FÜR EIN SYSTEM IN DEN AETHER
EINGELAGERTER IONEN.

Die Gleichungen für den Aether.

§ 5. Bei der Aufstellung der Bewegungsgleichungen werden wir alle Grössen in electromagnetischem Maass ausdrücken und vorläufig ein Coordinatensystem zu Grunde legen, das im Aether ruht. Nach MAXWELL kann nun in diesem Medium zweierlei Abweichung vom Gleichgewichtszustande bestehen. Die Abweichung der *ersten* Art, welche u. A. in der Nähe jedes geladenen Körpers angetroffen wird, nennen wir die *dielectrische Verschiebung;* sie ist eine Vectorgrösse und möge die Bezeichnung $\mathfrak{d}$ [1]) erhalten. Sie ist im „reinen" Aether, also in den Räumen zwischen den Ionen, *solenoidal* vertheilt, d. h. es ist daselbst

$$Div\ \mathfrak{d} = 0 \quad \ldots \ldots \ldots \ldots \ldots (3)$$

Wir wollen nun voraussetzen, dass sich auch in dem von einem Ion eingenommenen Raum der Aether befinde und dass auch dort eine dielectrische Verschiebung stattfinden könne, dass also die von *einem* Ion hervorgerufene dielectrische Verschiebung sich über das Innere der übrigen Ionen erstrecke.

Die Ladung eines Ions werden wir als über einen gewissen *Raum* vertheilt ansehen; die räumliche Dichtigkeit möge ρ heissen, und wir wollen annehmen, dass diese Function beim Uebergang aus dem Inneren eines Theilchens in den reinen Aether *stetig*

---

1) Einen Nachweis der benutzten Bezeichnungen findet man am Schluss der Abhandlung.

in 0 übergehe. In dieser Voraussetzung, die uns den Vortheil
bietet, dass keine Discontinuitäten zu berücksichtigen sind,
liegt indess keine wesentliche Einschränkung. Es lassen sich
ja die Vertheilung einer Ladung über eine Fläche und eine
Discontinuität von ρ als Grenzfälle behandeln von Zuständen,
bei welchen jene Voraussetzung zutrifft.

In den zu betrachtenden Fällen ist ρ nur im Inneren einer
sehr grossen Anzahl von kleinen und gänzlich von einander getrennten Räumen von Null verschieden. Wir können jedoch mit
dem allgemeineren Falle anfangen, dass in beliebig grossen Räumen eine electrische Dichtigkeit besteht. Da wir uns die electrischen Ladungen immer an ponderable Materie gebunden denken,
so würde das einer continuirlichen Vertheilung dieser Materie
entsprechen.

Ponderable Materie, welche *nicht* geladen ist, kommt für uns
nur insofern in Betracht, als sie auf die Ionen Molecularkräfte
ausübt. Was die electrischen Erscheinungen betrifft, so hat sie
gar keinen Einfluss und geschieht alles so, als ob der von ihr
eingenommene Raum nur den Aether enthielte.

Wo ρ von Null verschieden ist, gilt nicht mehr die Gleichung
(3). Nach einem bekannten Satze aus MAXWELL's Theorie ist
für jede geschlossene Fläche σ, wenn E die gesammte Ladung
im Inneren darstellt,

$$\int \mathfrak{d}_n \, d\sigma = E = \int \rho \, d\tau,$$

oder

$$\int Div\, \mathfrak{d} \, d\tau = \int \rho \, d\tau,$$

sodass überall

$$Div\, \mathfrak{d} = \rho \quad \ldots \ldots \ldots \ldots \quad (I)$$

sein muss.

Bewegt sich die ponderable Materie, so besteht — da sie die
Ladung mit sich fortführt — an einem bestimmten Punkte des
Raumes jedesmal wieder ein anderes ρ, und ist, wenn man es
mit von einander getrennten Ionen zu thun hat, die Dichtigkeit
bald hier, bald dort von Null verschieden. Fortwährend hat sich
aber der Zustand des Aethers der Gleichung (I) zu fügen.

§ 6. Die Aenderung von $\mathfrak{d}$, welche mit der Zeit an einem bestimmten Punkt des Raumes stattfindet, constituirt einen electrischen Strom, den MAXWELL'schen *Verschiebungsstrom*, der sich durch $\dot{\mathfrak{d}}$ darstellen lässt. Wir nehmen an, dass derselbe auch im Inneren der geladenen Materie bestehe. Ausserdem aber findet man dort einen *Convectionsstrom* $\mathfrak{C}$. Diesen betrachte ich, wenn $\mathfrak{v}$ die Geschwindigkeit der ponderablen Materie ist, als in Grösse und Richtung durch

$$\mathfrak{C} = \rho\,\mathfrak{v}$$

gegeben, und setze für den Gesammtstrom

$$\mathfrak{S} = \mathfrak{C} + \dot{\mathfrak{d}} = \rho\,\mathfrak{v} + \dot{\mathfrak{d}} \ldots \ldots \ldots \ (4)$$

In der geladenen Materie soll $\mathfrak{v}$ sich nur continuirlich von Punkt zu Punkt ändern [1]). Ausserdem soll während der Bewegung die Ladung jedes Massenelementes unverändert bleiben. Es muss also $\rho\,\omega$ constant sein, wenn ω das — vielleicht veränderliche — Volumen des Elementes ist.

Aus dieser Voraussetzung leitet man für den Gesammtstrom die Eigenschaft der solenoidalen Vertheilung ab, welche ausgedrückt wird durch

$$Div\,\mathfrak{S} = 0 . \ldots \ldots \ldots \ (5)$$

§ 7. Die *zweite* Abweichung vom Gleichgewichtszustande des Aethers wird durch die *magnetische Kraft* $\mathfrak{H}$ bestimmt. Dieselbe hängt von der augenblicklichen Stromvertheilung ab und genügt den Bedingungen

$$Div\,\mathfrak{H} = 0, \ldots \ldots \ldots \ (\text{II})$$

$$Rot\,\mathfrak{H} = 4\,\pi\,\mathfrak{S}, \ldots \ldots \ldots \ (\text{III})$$

deren Gültigkeit wir auch für das Innere der ponderablen Materie voraussetzen [2]).

Endlich nehmen wir noch, sowohl für das Innere der Ionen [3]) als auch für die Zwischenräume, die Beziehung an, durch welche in der MAXWELL'schen Theorie die dielectrische Verschiebung

---

1) Dadurch ist natürlich nicht ausgeschlossen, dass von einander getrennte Ionen oft sehr verschiedene Geschwindigkeiten haben können.

2) Die Berechtigung hierzu liegt in der Gleichung (5).

3) Von speciellen *magnetischen* Eigenschaften der ponderablen Materie — welche übrigens gerade durch die Ionenbewegungen zu erklären wären — sehen wir ab. Demgemäss brauchen wir nicht zwischen der magnetischen Kraft und der magnetischen Induction zu unterscheiden.

mit der zeitlichen Aenderung der magnetischen Kraft verknüpft ist. Diese Relation lautet

$$- 4 \pi V^2 \, Rot \, \mathfrak{b} = \mathfrak{H}, \quad \dots \dots \dots \text{(IV)}$$

wenn man mit V das Verhältniss der electromagnetischen und electrostatischen Electricitätseinheiten, oder die Lichtgeschwindigkeit im Aether, bezeichnet.

Wir haben jetzt sämmtliche Gleichungen für den Aether niedergeschrieben. Sind $\mathfrak{b}$ und $\mathfrak{H}$ für $t = 0$ überall gegeben, kennt man für alle späteren Augenblicke die Bewegung der geladenen Materie und fügt man noch die Bedingung hinzu, dass in unendlicher Entfernung $\mathfrak{b}$ und $\mathfrak{H}$ verschwinden, so sind diese Vectoren eindeutig bestimmt.

Wo $\rho = 0$ ist, gehen die Gleichungen in die Formeln für den reinen Aether über, aus welchen sich bekanntlich ergibt, dass die durch $\mathfrak{b}$ und $\mathfrak{H}$ dargestellten Veränderungen sich mit der Geschwindigkeit des Lichtes ausbreiten.

Da die Gleichungen linear sind, so lassen sich verschiedene Lösungen durch Addition zu einer allgemeineren zusammensetzen. Es sei z.B. die Bewegung von n Ionen gegeben, und es seien n Werthsysteme von $\mathfrak{b}$ und $\mathfrak{H}$ gefunden, welche den Zustand des Aethers bestimmen für den Fall, dass nur je eines der Ionen besteht und die übrigen weggelassen sind. Man erhält dann durch Superposition einen Zustand des Aethers, der mit den Bewegungen sämmtlicher n Ionen verträglich ist. In diesem Sinne dürfen wir sagen, dass jedes Ion den Zustand des Aethers gerade so beeinflusse, als ob die anderen nicht vorhanden wären.

§ 8. Ist die ponderable Materie in Ruhe und $\mathfrak{b}$ unabhängig von der Zeit, so verschwinden $\mathfrak{S}$ und $\mathfrak{H}$, während $\mathfrak{b}$ bestimmt wird durch

$$Div \, \mathfrak{b} = \rho \quad \dots \dots \dots \dots \dots \text{(I)}$$

und

$$Rot \, \mathfrak{b} = 0.$$

Diese letzte Gleichung besagt, dass $\mathfrak{b}_x$, $\mathfrak{b}_y$, $\mathfrak{b}_z$ als die partiellen Differentialquotienten einer einzigen Function, welche wir $-\dfrac{\omega}{4\pi}$ nennen wollen, betrachtet werden können. Wir setzen also

$$\mathfrak{d}_x = - \frac{1}{4\,\pi} \frac{\partial\,\omega}{\partial\,x}, \quad \text{u. s w.} \ldots \ldots \ldots (6)$$

und leiten aus (I) ab

$$\Delta\,\omega = -\,4\,\pi\,\rho \ldots \ldots \ldots \ldots (7)$$

Nachdem man hieraus ω bestimmt hat, lassen sich $\mathfrak{d}_x$, $\mathfrak{d}_y$, $\mathfrak{d}_z$ aus (6) berechnen.

Der erste Theil der auf die ponderable Materie wirkenden Kraft.

§ 9. Nach der älteren Electrostatik, deren Schlussfolgerungen mit der Erfahrung übereinstimmen, erhält man die Componenten der Kraft, welche in dem zuletzt betrachteten Fall auf ein Volumelement wirkt, wenn man zunächst mittelst der Poisson'schen Gleichung die „Potentialfunction" bestimmt und dann die Abgeleiteten derselben mit $-\,V^2\,\rho\,d\,\tau$ multiplicirt. [1] Da nun unsere Formel (7) mit der Poisson'schen Gleichung übereinstimmt, muss die Potentialfunction mit ω zusammenfallen; wir haben demnach als Werthe der Kraftcomponenten anzunehmen

$$-\,V^2\,\rho\,\frac{\partial\,\omega}{\partial\,x}\,d\,\tau, \quad \text{u. s. w.} \ldots \ldots \ldots (8)$$

Soll nun, wie die Maxwell'sche Theorie behauptet, die Kraft durch den Zustand des Aethers hervorgerufen werden, so ist es wahrscheinlich, dass sie von der dielectrischen Verschiebung in dem betrachteten Volumelemente abhängt. In der That lässt sich, wenn man (6) berücksichtigt, für (8) schreiben

$$4\,\pi\,V^2\,\mathfrak{d}_x\,\rho\,d\,\tau, \quad \text{u. s. w.}$$

Demgemäss werde ich annehmen, dass in *allen* Fällen, wo in dem Elemente $d\,\tau$ eine dielectrische Verschiebung besteht, der Aether auf die daselbst befindliche ponderable Materie eine Kraft mit den genannten Componenten ausübe, eine Kraft [2] also,

---

1) Der Factor V^2 muss hinzugefügt werden, weil wir uns des electromagnetischen Maasssystems bedienen.

2) Da diese Kraft die einzige ist, welche bei den electrostatischen Erscheinungen besteht, so kann sie füglich die *electrostatische* Kraft genannt werden, obgleich sie im allgemeinen auch von der Bewegung der Ionen abhängt.

welche sich für die Einheit der Ladung darstellen lässt durch

$$\mathfrak{E}_1 = 4\,\pi\,V^2\,\mathfrak{d}.$$

§ 10. Es seien zwei *ruhende* Ionen mit den Ladungen e und e' gegeben, deren Dimensionen sehr klein sind im Verhältniss zu der Entfernung r. Um die Kraft zu finden, welche auf das erstere wirkt, hat man es in Raumelemente zu zerlegen, auf jedes derselben obigen Satz anzuwenden und dann zu integriren. Dabei darf man $\mathfrak{d}$ betrachten als zusammengesetzt aus den dielectrischen Verschiebungen, welche von dem ersten und dem zweiten Theilchen herrühren. Man findet leicht, dass der erste Theil von $\mathfrak{d}$ nichts zu der Gesammtkraft beiträgt. Der zweite Theil hat innerhalb des ersten Ions überall die Richtung von r und die Grösse $e'/4\,\pi\,r^2$; mithin wird e von e' abgestossen mit einer Kraft

$$V^2 \frac{e\,e'}{r^2}.$$

Da dies mit dem COULOMB'schen Gesetze übereinstimmt, so ist klar, dass die Ionentheorie, was die gewöhnlichen Probleme der Electrostatik betrifft, auf die frühere Behandlungsweise zurückführt.

Electrische Ströme in ponderablen Leitern.

§ 11. In einem ponderablen Leiter, der von einem Strom durchflossen wird, und in dem sich also nach unserer Auffassung unzählige Ionen bewegen, ändern sich $\mathfrak{d}$, $\mathfrak{E}$ und $\mathfrak{H}$ in unregelmässiger Weise von Punkt zu Punkt. Aus den Gleichungen (II) und (III) folgt aber

$$Div\ \overline{\mathfrak{H}} = 0,$$
$$Rot\ \overline{\mathfrak{H}} = 4\,\pi\,\overline{\mathfrak{E}};$$

da nun in messbarer Entfernung vom Leiter $\overline{\mathfrak{H}}$ mit $\mathfrak{H}$ zusammenfällt, so wird die Wirkung nach aussen nur durch den mittleren Strom $\overline{\mathfrak{E}}$ bestimmt. Dieser ist es, von welchem in der gewöhnlichen Theorie, die von den molecularen Vorgängen Abstand nimmt, die Rede ist.

Der Gleichung (4) zufolge hat man

$$\overline{\mathfrak{S}} = \overline{\rho\,\mathfrak{v}} + \dot{\overline{\mathfrak{b}}}.$$

Ist nun der Strömungszustand stationär, so sind die der Beobachtung zugänglichen Grössen, also auch alle Mittelwerthe, unabhängig von der Zeit. Es wird dann

$$\overline{\mathfrak{S}} = \overline{\rho\,\mathfrak{v}},$$

d. h. nur die Convectionsströme bedingen die Wirkung nach aussen.

Nach der § 4 gegebenen Definition sind die Componenten von $\overline{\rho\,\mathfrak{v}}$

$$\frac{1}{I} \int \rho\,\mathfrak{v}_x\,d\,\tau, \quad \text{u. s. w.},$$

oder, wenn nur in den Ionen ρ von Null verschieden ist, und jedes Ion sich ohne Rotation verschiebt,

$$\frac{1}{I} \Sigma\,e\,\mathfrak{v}_x, \quad \text{u. s. w.},$$

wo e die Ladung eines Ions ist, und die Summe sich auf alle in der Kugel I enthaltene geladene Theilchen bezieht. Man sieht leicht, dass das Resultat sich in die Formel

$$\overline{\mathfrak{S}} = \frac{1}{I} \Sigma\,e\,\mathfrak{v}$$

zusammenfassen lässt, und dass diese auch gültig bleibt, wenn man unter I nicht gerade eine Kugel versteht, sondern einen *beliebigen* Raum, dessen Dimensionen, obgleich sehr klein, dennoch viel grösser sind als der mittlere Abstand der Ionen. Natürlich muss sich dann auch die Summe über den gewählten Raum erstrecken.

Besteht in einem Leitungsdrahte mit dem Querschnitte ω ein Strom, so können wir für I den zwischen zwei um $d\,s$ [1]) von einander entfernten Querschnitten befindlichen Theil nehmen. Da nun die Stromstärke i bestimmt wird durch

$$i = \omega\,\overline{\mathfrak{S}},$$

und $I = \omega\,d\,s$, so erhalten wir

---

1) Dieses Zeichen bedeutet hier nicht ein unendlich Kleines im strengen Sinne des Wortes, sondern eine Strecke, die zwar sehr klein gegen die Dimensionen des Leiters, aber dennoch viel grösser als die Entfernung der Molecüle ist.

$$\Sigma \, e \, \mathfrak{v} = i \, d \, s,$$

wo $i \, d \, s$ als ein Vector in der Richtung des Stromes zu betrachten ist.

————— · —————

Der zweite Theil der auf die ponderable Materie wirkenden Kraft.

§ 12. Ein Stromelement wie das soeben betrachtete befinde sich in einem durch äussere Ursachen hervorgebrachten magnetischen Felde. Nach einem bekannten Gesetze erleidet es eine electrodynamische Kraft

$$[i \, d \, s . \, \mathfrak{H}],$$

wofür wir jetzt auch schreiben können

$$[\Sigma \, e \, \mathfrak{v} . \, \mathfrak{H}],$$

oder

$$\Sigma \, \{e \, [\mathfrak{v} . \, \mathfrak{H}]\}.$$

Diese Wirkung resultirt nach unserer Auffassung aus all den Kräften, welche durch den Aether auf die Ionen des Stromelementes ausgeübt werden. Es liegt also nahe, für die auf ein einzelnes Ion wirkende Kraft anzunehmen

$$e \, [\mathfrak{v} . \, \mathfrak{H}],$$

eine Hypothese, welche wir noch dahin erweitern wollen, dass wir *ganz allgemein* eine auf die ponderable Materie des Volumelementes $d \, \tau$ wirkende Kraft

$$\rho \, d \, \tau \, [\mathfrak{v} . \, \mathfrak{H}]$$

voraussetzen. Für die Einheit der Ladung wäre das

$$\mathfrak{E}_2 = [\mathfrak{v} . \, \mathfrak{H}] \,^{1)}.$$

Indem wir diesen Vector mit dem früher (§ 9) betrachteten $\mathfrak{E}_1$ zusammensetzen, erhalten wir für die ganze, auf die Einheit der Ladung ausgeübte Kraft, wir wollen sagen, für die *electrische Kraft*,

$$\mathfrak{E} = 4 \, \pi \, V^2 \, \mathfrak{d} + [\mathfrak{v} . \, \mathfrak{H}] \cdot \cdot \cdot \cdot \cdot \cdot \cdot \cdot \cdot \text{(V)}$$

———————

1) Will man einen gewöhnlichen electrischen Strom nicht als einen Convectionsstrom betrachten, so muss man diese Formel durch die Annahme begründen, dass ein Körper, in dem eine Convection stattfindet, dieselben electrodynamischen Wirkungen erfahre wie ein entsprechender Stromleiter.

Wir unterlassen es, das hierin ausgesprochene Gesetz in Worten auszudrücken. Indem wir dasselbe zu einem allgemeinen
Grundgesetz erheben, haben wir das System der Bewegungsgleichungen (I)—(V) vervollständigt, da die electrische Kraft,
in Verbindung mit etwaigen anderen Kräften, die Bewegung
der Ionen bestimmt.

Was diese letztere betrifft, so wollen wir noch die Voraussetzung einführen, dass die Ionen niemals rotiren [1]).

Die Erhaltung der Energie.

§ 13. Um unsere Hypothesen zu rechtfertigen, ist es nothwendig, die Uebereinstimmung derselben mit dem Energiegesetze nachzuweisen. Wir betrachten ein beliebiges System Ionen
enthaltender, ponderabler Körper, um welches sich ringsherum
bis auf unendliche Entfernung hin, nur der Aether befindet,
und legen um dasselbe eine beliebige geschlossene Fläche σ.
Während eines Zeitelementes $d\,t$ ist nun die Arbeit der aus $\mathfrak{E}$
entspringenden, die ponderable Materie afficirenden Kräfte

$$4\,\pi\,V^2\,d\,t\int\rho\,(\mathfrak{d}_x\,\mathfrak{v}_x+\mathfrak{d}_y\,\mathfrak{v}_y+\mathfrak{d}_z\,\mathfrak{v}_z)\,d\,\tau\,,$$

wobei zu bemerken ist, dass die aus $\mathfrak{E}_2$ abzuleitenden Kräfte
keine Arbeit leisten, da sie immer senkrecht zur Bewegungsrichtung stehen. Ist weiter $d\,A$ die Arbeit der sonst noch auf die
Materie wirkenden Kräfte, und L die gewöhnliche mechanische
Energie dieser Materie, so ist

$$d\,A = d\,L - 4\,\pi\,V^2\,d\,t\int\rho\,(\mathfrak{d}_x\,\mathfrak{v}_x+\mathfrak{d}_y\,\mathfrak{v}_y+\mathfrak{d}_z\,\mathfrak{v}_z)\,d\,\tau\;.\;.\;(9)$$

Das Integral bezieht sich auf den mit ponderabler Materie erfüllten Raum; wir können es sich aber ebenso gut über den
ganzen von σ eingeschlossenen Raum erstrecken lassen. Alle
weiteren Raumintegrale in diesem § sind in letzterem Sinne
aufzufassen.

---

1) In der früher publicirten Ableitung der Bewegungsgleichungen (La théorie
électromagnétique de MAXWELL et son application aux corps mouvants) habe ich
die hierfür nothwendigen Bedingungen erörtert.

Man ersetze in (9), nach (4) und (III),

$$4 \pi \rho \, \mathfrak{v}_x , \text{ u. s. w.}$$

durch

$$\frac{\partial \mathfrak{H}_z}{\partial y} - \frac{\partial \mathfrak{H}_y}{\partial z} - 4 \pi \frac{\partial \mathfrak{b}_x}{\partial t}, \text{ u. s. w.}, \quad \ldots \ldots \quad (10)$$

und forme die Theile des Integrals, welche Differentialquotienten von $\mathfrak{H}_x$, $\mathfrak{H}_y$, $\mathfrak{H}_z$ enthalten, durch partielle Integration um. Unter Berücksichtigung der Gleichung (IV) wird man finden

$$d\,A = d\,(L + U) + V^2\,d\,t \int [\mathfrak{v}.\,\mathfrak{H}]_n\,d\,\sigma\,, \quad \ldots \ldots \quad (11)$$

wo

$$U = 2 \pi V^2 \int \mathfrak{b}^2\,d\,\tau + \frac{1}{8\,\pi} \int \mathfrak{H}^2\,d\,\tau \quad \ldots \ldots \quad (12)$$

ist.

Zunächst soll jetzt angenommen werden, dass die electrischen Bewegungen auf einen gewissen endlichen Raum beschränkt seien, und dass die Fläche σ gänzlich ausserhalb dieses Raumes liege. Es wird dann an der Fläche $\mathfrak{b} = 0$, $\mathfrak{H} = 0$, und

$$d\,A = d\,(L + U).$$

Somit besteht wirklich eine Grösse $L + U$, deren Zuwachs der Arbeit der äusseren Kräfte gleich ist, und welcher demnach die Bezeichnung „Energie" zukommt. Sie setzt sich zusammen aus der gewöhnlichen mechanischen Energie L und der „electrischen" Energie U, für welche letztere wir den von MAXWELL angegebenen Werth wiederfinden.

Der POYNTING'sche Satz.

§ 14. Auch wenn wir die zuletzt über σ gemachte Voraussetzung fallen lassen, gestattet die Formel (11) eine einfache Deutung. Mit MAXWELL nehmen wir nicht nur an, dass die electrische Energie den Werth (12) habe, sondern auch, dass sie wirklich über den Raum vertheilt sei, wie die Formel es ausdrückt, d. h. dass sie für die Volumeinheit

$$2 \pi V^2 \mathfrak{b}^2 + \frac{1}{8\,\pi} \mathfrak{H}^2$$

betrage.

In der Gleichung (11) bedeutet dann $L + U$ die gesammte
Energie innerhalb der Fläche σ, und es liegt also die Auffassung nahe, dass eine Quantität Energie

$$V^2\, d\, t \int [\mathfrak{v}.\,\mathfrak{H}]_n\, d\,\sigma$$

durch die Fläche hin nach aussen gewandert sei. Am einfachsten
ist es, für den auf die Zeit- und Flächeneinheit bezogenen
„Energiestrom" zu setzen

$$V^2\, [\mathfrak{v}.\,\mathfrak{H}]_n \quad \dots \dots \dots \dots (13)$$

In dieser Weise gelangen wir zu dem bekannten, zuerst von
Hrn. POYNTING ausgesprochenen Theorem. Auf die subtile, mit
demselben zusammenhängende Frage nach der Localisirung der
Energie soll hier nicht eingegangen werden. Wir können uns
damit begnügen, dass die gesammte, in einem beliebigen Raum
befindliche Energie — der „electrische" Antheil nach der
Formel (12) berechnet — sich immer so ändert, *als ob* die
Energie in der durch (13) bestimmten Weise wandere.

Spannungen im Aether.

§ 15. Die durch unsere Formel (V) bestimmten Kräfte bedingen nicht nur die Bewegung der Ionen in den ponderablen
Körpern, sondern können sich unter Umständen auch zu einer
Wirkung vereinigen, welche die Körper selbst in Bewegung
zu setzen strebt. In dieser Weise entstehen alle „ponderomotorischen" Kräfte, also z. B. die gewöhnlichen electrostatischen
und electrodynamischen, sowie auch der Druck, den Lichtstrahlen auf einen Körper ausüben.

Wir wollen den Körper als starr betrachten und durch
einfache Addition aller Kräfte, welche der Aether in der Richtung der x-Axe auf die Ionen ausübt, die gesammte Kraft Ξ
in dieser Richtung berechnen. Diese Untersuchung soll sich an
das zu Anfang des § 13 Gesagte anschliessen.

Man erhält sofort

$$\Xi = 4\,\pi\, V^2 \int \mathfrak{v}_x\, \rho\, d\,\tau + \int \rho\, [\mathfrak{v}.\,\mathfrak{H}]_x\, d\,\tau =$$

$$= 4\,\pi\, V^2 \int \mathfrak{v}_x\, \rho\, d\,\tau + \int \rho\, (\mathfrak{v}_y\, \mathfrak{H}_z - \mathfrak{v}_z\, \mathfrak{H}_y)\, d\,\tau,$$

wo die Integrale sich nur über den ponderablen Körper zu erstrecken brauchen, aber wie im § 13 für den ganzen, von σ umschlossenen Raum genommen werden sollen.

Zunächst wird nun, indem man $4\,\pi\,\rho\,\mathfrak{v}_x$, u. s. w. durch die Ausdrücke (10), und, auf Grund von (I), ρ durch

$$\frac{\partial\,\mathfrak{v}_x}{\partial\,x} + \frac{\partial\,\mathfrak{v}_y}{\partial\,y} + \frac{\partial\,\mathfrak{v}_z}{\partial\,z}$$

ersetzt,

$$\Xi = 4\,\pi\,V^2 \int \mathfrak{v}_x \left(\frac{\partial\,\mathfrak{v}_x}{\partial\,x} + \frac{\partial\,\mathfrak{v}_y}{\partial\,y} + \frac{\partial\,\mathfrak{v}_z}{\partial\,z}\right) d\,\tau +$$

$$+ \frac{1}{4\,\pi} \int \left\{\mathfrak{H}_z \left(\frac{\partial\,\mathfrak{H}_x}{\partial\,z} - \frac{\partial\,\mathfrak{H}_z}{\partial\,x}\right) - \mathfrak{H}_y \left(\frac{\partial\,\mathfrak{H}_y}{\partial\,x} - \frac{\partial\,\mathfrak{H}_x}{\partial\,y}\right)\right\} d\,\tau +$$

$$+ \int \left(\mathfrak{H}_y \frac{\partial\,\mathfrak{v}_z}{\partial\,t} - \mathfrak{H}_z \frac{\partial\,\mathfrak{v}_y}{\partial\,t}\right) d\,\tau \ \ldots \ldots \ldots (14)$$

Weiter ergibt eine partielle Integration und Anwendung von (IV) und (II), wenn man die Richtungsconstanten der Normale zu σ mit $\varkappa$, β, γ bezeichnet,

$$\int \mathfrak{v}_x \frac{\partial\,\mathfrak{v}_y}{\partial\,y}\,d\,\tau = \int \beta\,\mathfrak{v}_x\,\mathfrak{v}_y\,d\,\sigma - \int \mathfrak{v}_y \frac{\partial\,\mathfrak{v}_x}{\partial\,y}\,d\,\tau =$$

$$= \int \beta\,\mathfrak{v}_x\,\mathfrak{v}_y\,d\,\sigma - \int \mathfrak{v}_y \frac{\partial\,\mathfrak{v}_y}{\partial\,x}\,d\,\tau - \frac{1}{4\,\pi\,V^2}\int \mathfrak{v}_y \frac{\partial\,\mathfrak{H}_z}{\partial\,t}\,d\,\tau,$$

$$\int \mathfrak{v}_x \frac{\partial\,\mathfrak{v}_z}{\partial\,z}\,d\,\tau = \int \gamma\,\mathfrak{v}_x\,\mathfrak{v}_z\,d\,\sigma - \int \mathfrak{v}_z \frac{\partial\,\mathfrak{v}_x}{\partial\,z}\,d\,\tau =$$

$$= \int \gamma\,\mathfrak{v}_x\,\mathfrak{v}_z\,d\,\sigma - \int \mathfrak{v}_z \frac{\partial\,\mathfrak{v}_z}{\partial\,x}\,d\,\tau + \frac{1}{4\,\pi\,V^2}\int \mathfrak{v}_z \frac{\partial\,\mathfrak{H}_y}{\partial\,t}\,d\,\tau,$$

$$\int \left(\mathfrak{H}_y \frac{\partial\,\mathfrak{H}_x}{\partial\,y} + \mathfrak{H}_z \frac{\partial\,\mathfrak{H}_x}{\partial\,z}\right) d\,\tau = \int (\beta\,\mathfrak{H}_x\,\mathfrak{H}_y + \gamma\,\mathfrak{H}_x\,\mathfrak{H}_z)\,d\,\sigma -$$

$$- \int \mathfrak{H}_x \left(\frac{\partial\,\mathfrak{H}_y}{\partial\,y} + \frac{\partial\,\mathfrak{H}_z}{\partial\,z}\right) d\,\tau = \int (\beta\,\mathfrak{H}_x\,\mathfrak{H}_y + \gamma\,\mathfrak{H}_x\,\mathfrak{H}_z)\,d\,\sigma +$$

$$+ \int \mathfrak{H}_x \frac{\partial\,\mathfrak{H}_x}{\partial\,x}\,d\,\tau.$$

Substituirt man diese Werthe in (14), so ergeben sich mehrere Glieder, die sich vollständig integriren lassen, und es wird schliesslich nach leichter Umformung

$$\Xi = 2\,\pi\,V^2 \int (2\,\mathfrak{d}_x\,\mathfrak{d}_n - \alpha\,\mathfrak{d}^2)\,d\,\sigma + \frac{1}{8\,\pi} \int (2\,\mathfrak{H}_x\,\mathfrak{H}_n - \alpha\,\mathfrak{H}^2)\,d\,\sigma +$$

$$+ \frac{d}{d\,t} \int (\mathfrak{H}_y\,\mathfrak{d}_z - \mathfrak{H}_z\,\mathfrak{d}_y)\,d\,\tau\,, \ldots \cdot \ldots (15)$$

Zwei ähnliche Gleichungen dienen zur Bestimmung der anderen Componenten H und Z der ponderomotorischen Wirkung.

Nebenbei ist zu bemerken, dass Ξ, H und Z verschwinden müssen, sobald der Raum τ keine ponderable Materie enthält. Dann wäre also

$$2\,\pi\,V^2 \int (2\,\mathfrak{d}_x\,\mathfrak{d}_n - \alpha\,\mathfrak{d}^2)\,d\,\sigma + \frac{1}{8\,\pi} \int (2\,\mathfrak{H}_x\,\mathfrak{H}_n - \alpha\,\mathfrak{H}^2)\,d\,\sigma =$$

$$= - \frac{d}{d\,t} \int (\mathfrak{H}_y\,\mathfrak{d}_z - \mathfrak{H}_z\,\mathfrak{d}_y)\,d\,\tau\,,\, \text{u. s. w.} \ldots \ldots (16)$$

§ 16. In einigen Fällen wird das in (15) übriggebliebene Raumintegral unabhängig von t, und fällt das letzte Glied fort, nämlich sobald man es mit einem stationären Zustande, sei es mit einer electrischen Ladung, sei es mit einem System constanter Ströme, zu thun hat. Es lässt sich dann, wenigstens was die resultirende *Kraft* betrifft, die ponderomotorische Wirkung (Ξ, H, Z) durch Integration über eine beliebige, den Körper einschliessende Fläche berechnen, und es liegt nahe, dieses so aufzufassen, dass man, wie MAXWELL es that, dem Aether einen gewissen Spannungszustand zuschreibt und die Spannungen als Ursache der ponderomotorischen Wirkungen betrachtet. [1]) Versteht man gewohnterweise unter (X_n, Y_n, Z_n) die auf die Flächeneinheit bezogene Kraft, die der Aether an der durch n angegebenen Seite eines Elementes $d\sigma$ auf den gegenüberliegenden Aether ausübt, so wäre nach (15) zu setzen

$$X_n = 2\,\pi\,V^2\,(2\,\mathfrak{d}_x\,\mathfrak{d}_n - \alpha\,\mathfrak{d}^2) + \frac{1}{8\,\pi}\,(2\,\mathfrak{H}_x\,\mathfrak{H}_n - \alpha\,\mathfrak{H}^2),\, \text{u.s.w.} \ldots (17)$$

Es ist leicht, hieraus die Werthe von X_x, X_y, X_z, Y_x,

---

1) Auch bezüglich des resultirenden Kräftepaares ist die ponderomotorische Wirkung auf einen starren Körper dem System der Spannungen (17) auf einer beliebigen, den Körper umschliessenden Fläche σ äquivalent. Wollten wir auch die ponderomotorischen Wirkungen auf biegsame oder flüssige Körper betrachten, so hätten wir auf Volumelemente zurückzugehen. Doch das würde uns zu weit führen.

u. s. w. abzuleiten; man erhält dann gerade das System von Spannungen, welches MAXWELL angegeben hat.

§ 17. Da in (15) das Glied mit dem Raumintegrale in der Regel nicht verschwindet, so führt die Annahme der Spannungen (17) im allgemeinen nicht zu den von uns statuirten Wirkungen. Wollte man nun die Gleichung (V) als Grundlage für die Berechnung der ponderomotorischen Kräfte fallen lassen und sich an die Spannungen halten, so wäre die Sache mit den Formeln (I) — (IV) und (17) doch keineswegs abgethan. Man würde nicht einmal denselben Werth für Ξ herausbekommen, wenn man die Gleichung

$$\Xi = 2\,\pi\,V^2 \int (2\,\mathfrak{b}_x\,\mathfrak{b}_n - \alpha\,\mathfrak{b}^2)\,d\,\sigma + \frac{1}{8\,\pi}\int (2\,\mathfrak{H}_x\,\mathfrak{H}_n - \alpha\,\mathfrak{H}^2)\,d\,\sigma$$

bald auf die eine, bald auf die andere, den betrachteten Körper umschliessende Fläche anwendete. Es hängt dies damit zusammen, dass die Spannungen (17) den Aether selbst nicht in Ruhe lassen würden.

Wir haben oben für einen von ponderabler Materie freien Raum die Formeln (16) gefunden. Dass diese, so lange der Aether ruht, richtig sind, ist wohl nicht zu bezweifeln, da bei der Ableitung nur allgemein angenommene Gleichungen ins Spiel kommen. Aus den Formeln

$$Div\,\mathfrak{b} = 0$$

und

$$Rot\,\mathfrak{H} = 4\,\pi\,\dot{\mathfrak{b}}$$

ergibt sich nämlich, dass die rechte Seite der Gleichung (14) für den freien Aether gleich Null ist; die Anwendung von (IV) und (II) führt dann weiter zu der ersten der Formeln (16).

In diesen stehen nun links die Kräfte, welche sich aus den Spannungen an der Oberfläche σ ergeben, und die Formeln besagen also, dass der betrachtete Aethertheil unter dem Einflusse dieser Kräfte *nicht* in Ruhe bleiben kann. Wer die Gleichungen (17) für allgemein gültig hält, muss schliessen, dass in allen Fällen, wo der POYNTING'sche Energiestrom mit der Zeit veränderlich ist [1]), der Aether als Ganzes in Bewegung ge-

---

1) Abgesehen von dem Factor — V^2 stehen nämlich auf der rechten Seite der Gleichungen (16) unter dem Integralzeichen die Componenten des Energiestromes.

räth. Es wäre dann weiter die Art der entstehenden Aetherströmungen zu erforschen und unter Berücksichtigung derselben die Frage nach den ponderomotorischen Wirkungen aufs
neue in Angriff zu nehmen.

Die Grundzüge einer Theorie der genannten Aetherströmungen
wurden noch von HERMANN VON HELMHOLTZ' Meisterhand ent-
worfen in einer [1]) der letzten Arbeiten, die es ihm vergönnt war,
zu vollenden.

Hier kann auf die eben berührten Fragen nicht eingegangen
werden, da die Grundannahme, von der wir ausgegangen
sind, eine andere Auffassung mit sich bringt. In der That,
weshalb sollten wir, da wir doch einmal angenommen haben,
dass der Aether sich nicht bewege, je von einer auf dieses
Medium wirkenden Kraft reden? Das Einfachste wäre wohl,
anzunehmen, dass auf ein Volumelement des Aethers, als Ganzes betrachtet, nie eine Kraft wirke, oder selbst den Begriff
der Kraft auf ein solches Element, das doch nie von der Stelle
rückt, nicht einmal anzuwenden. Freilich verstiesse diese Auffassung gegen den Satz von der Gleichheit der Wirkung und
Gegenwirkung —, da wir ja Grund haben zu sagen, dass der
Aether Kräfte auf die ponderable Materie *ausübe* —; aber,
soviel ich sehe, zwingt nichts dazu, jenen Satz zu einem un-
beschränkt gültigen Fundamentalgesetze zu erheben.

Haben wir uns einmal für die so eben geschilderte Betrach-
tungsweise entschieden, so müssen wir auch von vornherein
darauf verzichten, die durch (V) bedingten ponderomotorischen
Wirkungen auf Aetherspannungen zurückzuführen. Das wären
ja Kräfte zwischen dem einen und dem anderen Theil des Aethers,
und solche dürfen wir, wollen wir consequent sein, nicht mehr
annehmen.

Trotzdem werden wir zur Erleichterung der Rechnung die
Gleichung (15) anwenden können, und es wird auch kein Miss-
verständniss verursachen, wenn wir uns der Kürze halber so
ausdrücken, als ob die Elemente der beiden ersten Integrale
wirkliche Spannungen im Aether bedeuteten.

---

1) v. HELMHOLTZ. Folgerungen aus MAXWELL's Theorie über die Bewegungen des
reinen Aethers. Berl. Sitz. Ber., 5. Juli 1893; Wied. Ann., Bd. 53, p. 135, 1894.

Aus diesen jetzt bloss fingirten „Spannungen" lassen sich dann, wie wir sahen, die Wechselwirkung zwischen geladenen Körpern und die electrodynamischen Wirkungen unmittelbar ableiten. Es empfiehlt sich gleichfalls, mit denselben zu operiren, wenn die Erscheinungen periodisch sind und man nur die Mittelwerthe der ponderomotorischen Kräfte während einer vollen Periode zu kennen wünscht; das letzte Glied von (15) trägt nämlich nichts zu diesen Werthen bei.

Man gelangt auf diese Weise leicht zu MAXWELL's Satz über den durch eine Lichtbewegung erzeugten Druck.

* * *

Die Umkehrbarkeit der Bewegungen und das Spiegelbild einer Bewegung.

§ 18. Behufs späterer Anwendung schalten wir hier noch folgende Betrachtungen ein.

Es sei ein System sich bewegender Ionen gegeben, und in demselben seien ρ_1, $\mathfrak{v}_1$, $\mathfrak{b}_1$ und $\mathfrak{H}_1$ die verschiedenen, in Betracht kommenden Grössen. Wir können die entsprechenden Grössen für ein zweites System mit ρ_2, $\mathfrak{v}_2$, $\mathfrak{b}_2$ und $\mathfrak{H}_2$ bezeichnen und wollen uns denken, dass in einem beliebigen Punkte diese Grössen zur Zeit $+ t$ übereinstimmen mit den Grössen ρ_1, $- \mathfrak{v}_1$, $\mathfrak{b}_1$ und $- \mathfrak{H}_1$ zur Zeit $- t$.

Man sieht leicht ein, dass, was ρ_2 und $\mathfrak{v}_2$ betrifft, dieser Bedingung durch eine wirkliche Bewegung von Ionen genügt werden kann, und zwar muss hierzu das System dieser Ionen vollkommen mit dem ersten System übereinstimmen; es müssen dieselben Configurationen mit denselben Zwischenzeiten nach einander eintreten, wie in jenem ersten Systeme, nur in entgegengesetzter Reihenfolge; mit anderen Worten: man erhält die Bewegungen der Ionen im zweiten Systeme, wenn man die zuerst gegebenen Bewegungen rückläufig macht.

Da weiter $\mathfrak{b}_2$ und $\mathfrak{H}_2$ den Bedingungen (I), (II), (III) und (IV) genügen, so ist der durch diese Vectoren bestimmte Zustand des Aethers mit der Bewegung der Ionen verträglich.

Endlich folgt aus der Gleichung (V), dass in dem zweiten

Systeme zur Zeit $+ t$ die durch den Aether auf die Ionen ausgeübten Kräfte dieselbe Richtung und Grösse haben, wie die
entsprechenden Kräfte im ersten System zur Zeit $- t$. Sind nun
auch die im übrigen noch auf die Ionen wirkenden Kräfte
in den beiden Fällen — und in den genannten Augenblicken —
dieselben, so darf man schliessen, dass der zweite Bewegungszustand in jeder Hinsicht realisirbar ist.

Mittelst ähnlicher Betrachtungen lässt sich auch die Möglichkeit einer Bewegung darthun, welche das „Spiegelbild" einer
gegebenen in Bezug auf eine feste Ebene ist.

Wir nennen P_2 das Spiegelbild eines Punktes P_1 und bezeichnen die für zwei Systeme — und zwar für das erste in
P_1 und für das zweite in P_2 — geltenden Grössen mit ρ_1, $\mathfrak{v}_1$,
$\mathfrak{d}_1$, $\mathfrak{H}_1$ und ρ_2, $\mathfrak{v}_2$, $\mathfrak{d}_2$, $\mathfrak{H}_2$. Dabei soll fortwährend $\rho_2 = \rho_1$ sein,
und es sollen die Vectoren $\mathfrak{v}_2$, $\mathfrak{d}_2$, $\mathfrak{H}_2$ die Spiegelbilder der
Vectoren $\mathfrak{v}_1$, $\mathfrak{d}_1$ und $- \mathfrak{H}_1$ sein.

Dass nun der zweite Bewegungszustand füglich das „Spiegelbild" des ersten heissen kann, bedarf wohl keiner Erläuterung. Sind die Kräfte nicht-electrischen Ursprungs derart,
dass die Vectoren, durch die sie in den beiden Fällen dargestellt werden können, sich wie Gegenstände und deren Spiegelbilder verhalten, so wird die zweite Bewegung möglich sein,
sobald die erste es ist.

ABSCHNITT II.

Umformung der Grundgleichungen.

§ 19. Von jetzt ab soll angenommen werden, dass die zu betrachtenden Körper sich mit einer unveränderlichen Translationsgeschwindigkeit $\mathfrak{p}$ fortbewegen, unter welcher wir in fast allen Anwendungen die Geschwindigkeit der Erde in ihrer Bewegung um die Sonne zu verstehen haben werden. Zwar wäre es interessant, die Theorie zunächst für ruhende Körper weiter zu entwickeln, allein der Kürze halber wollen wir uns sogleich dem allgemeineren Fall zuwenden. Es kann übrigens immer noch $\mathfrak{p} = 0$ gesetzt werden.

Am einfachsten wird die Behandlung der sich jetzt darbietenden Probleme, wenn man statt des oben angewandten Coordinatensystems ein anderes einführt, das mit der ponderablen Materie fest verbunden ist und also an deren Verschiebung theilnimmt.

Während die Coordinaten eines Punktes in Bezug auf das feste System x, y, z hiessen, mögen die, welche sich auf das bewegliche System beziehen, und welche ich die *relativen* Coordinaten nenne, einstweilen mit (x), (y), (z) bezeichnet werden. Bis jetzt wurden alle variablen Grössen als Functionen von x, y, z, t angesehen; weiterhin sollen $\mathfrak{d}_x$, $\mathfrak{d}_y$, u. s. w. als Functionen von (x), (y), (z) und t betrachtet werden.

Unter einem *festen* Punkte verstehen wir jetzt einen Punkt,

der in Bezug auf die neuen Axen eine unveränderliche Lage
hat; ebenso soll mit der *Ruhe* oder der *Bewegung* eines kör-
perlichen Theilchens die *relative* Ruhe oder die *relative* Bewegung in Bezug auf die ponderable Materie gemeint sein.
Mit Ionen, welche sich in diesem Sinne des Wortes bewegen,
werden wir es zu thun haben, sobald die sich verschiebende
Materie der Sitz electrischer Bewegungen ist.

Durch $\mathfrak{v}$ soll nicht mehr die wirkliche Geschwindigkeit,
sondern die Geschwindigkeit der soeben genannten relativen
Bewegung dargestellt werden. Die wirkliche Geschwindigkeit
ist somit

$$\mathfrak{p} + \mathfrak{v},$$

und ist hierdurch $\mathfrak{v}$ in den Gleichungen (4) und (V) zu ersetzen.

Ausserdem hat man statt der Differentialquotienten nach x,
y, z und t solche nach (x), (y), (z) und t einzuführen.
Die erstgenannten Differentialquotienten bezeichne ich mit

$$\frac{\partial}{\partial x}, \ \frac{\partial}{\partial y}, \ \frac{\partial}{\partial z}, \ \left(\frac{\partial}{\partial t}\right)_1,$$

die letztgenannten dagegen mit

$$\frac{\partial}{\partial (x)}, \ \frac{\partial}{\partial (y)}, \ \frac{\partial}{\partial (z)}, \ \left(\frac{\partial}{\partial t}\right)_2.$$

Es ist nun, in Anwendung auf eine beliebige Function,

$$\frac{\partial}{\partial x} = \frac{\partial}{\partial (x)}, \ \frac{\partial}{\partial y} = \frac{\partial}{\partial (y)}, \ \frac{\partial}{\partial z} = \frac{\partial}{\partial (z)},$$

$$\left(\frac{\partial}{\partial t}\right)_1 = \left(\frac{\partial}{\partial t}\right)_2 - \mathfrak{p}_x \frac{\partial}{\partial (x)} - \mathfrak{p}_y \frac{\partial}{\partial (y)} - \mathfrak{p}_z \frac{\partial}{\partial (z)}.$$

Hieraus folgt, dass für *Div* $\mathfrak{A}$ der Ausdruck

$$\frac{\partial \mathfrak{A}_x}{\partial (x)} + \frac{\partial \mathfrak{A}_y}{\partial (y)} + \frac{\partial \mathfrak{A}_z}{\partial (z)},$$

und für die Componenten von *Rot* $\mathfrak{A}$

$$\frac{\partial \mathfrak{A}_z}{\partial (y)} - \frac{\partial \mathfrak{A}_y}{\partial (z)}, \ \text{u. s. w.}$$

geschrieben werden darf. Die Ausdrücke *Div* $\mathfrak{A}$ und *Rot* $\mathfrak{A}$ haben
also noch immer die § 4, *g* und *h* festgesetzte Bedeutung, wenn
man, nachdem man die alten Coordinaten ein für alle Mal ver-
lassen hat, die neuen zur Vereinfachung nicht mehr mit (x), (y),
(z), sondern mit x, y, z andeutet.

Wir wollen auch, nachdem wir zu den neuen Coordinaten übergegangen sind, für eine Differentiation nach der Zeit bei constanten relativen Coordinaten, statt $\left(\dfrac{\partial}{\partial t}\right)_2$ das Zeichen $\dfrac{\partial}{\partial t}$ benutzen, sodass

$$\left(\frac{\partial}{\partial t}\right)_1 = \frac{\partial}{\partial t} - \mathfrak{p}_x\frac{\partial}{\partial x} - \mathfrak{p}_y\frac{\partial}{\partial y} - \mathfrak{p}_z\frac{\partial}{\partial z} \quad \dots \dots \quad (18)$$

wird.

Die Differentialquotienten nach der Zeit, welche in den Grundgleichungen (I) — (V) vorkommen, sind sämmtlich von der durch $\left(\dfrac{\partial}{\partial t}\right)_1$ angedeuteten Art. Wir werden dieses Zeichen als Abkürzung für den längeren Ausdruck (18) beibehalten.

Dagegen soll ein Punkt über einem Buchstaben fernerhin — wie $\partial/\partial t$ — eine Differentiation nach der Zeit bei constanten relativen Coordinaten anzeigen. Es dürfen also die Glieder $\dot{\mathfrak{b}}$ und $\dot{\mathfrak{H}}$ in (4) und (IV) nicht unverändert gelassen werden. Unter $\dot{\mathfrak{b}}$ z. B. war ein Vector zu verstehen mit den Componenten

$$\left(\frac{\partial \mathfrak{b}_x}{\partial t}\right)_1, \quad \text{u. s. w.},$$

oder

$$\left(\frac{\partial}{\partial t} - \mathfrak{p}_x\frac{\partial}{\partial x} - \mathfrak{p}_y\frac{\partial}{\partial y} - \mathfrak{p}_z\frac{\partial}{\partial z}\right)\mathfrak{b}_x, \quad \text{u. s. w.}$$

Wir können für diesen Vector passend schreiben

$$\left(\frac{\partial \mathfrak{b}}{\partial t}\right)_1,$$

während

$$\dot{\mathfrak{b}} \text{ oder } \frac{\partial \mathfrak{b}}{\partial t}$$

den Vector mit den Componenten

$$\frac{\partial \mathfrak{b}_x}{\partial t}, \quad \text{u. s. w.}$$

bedeuten wird.

Bezogen auf das mit der ponderablen Materie verbundene Axensystem, werden schliesslich die Grundgleichungen

$$Div\ \mathfrak{b} = \rho, \quad \dots \dots \dots \dots \dots \quad (I_a)$$

$$\mathfrak{S} = \rho\,(\mathfrak{p} + \mathfrak{v}) + \left(\frac{\partial \mathfrak{b}}{\partial t}\right)_1, \quad \dots \dots \dots \quad (4_a)$$

$$Div\ \mathfrak{H} = 0, \quad \dots \dots \dots \dots \dots \quad (II_a)$$

3

$$Rot \, \mathfrak{H} = 4\,\pi\,\mathfrak{S}, \quad \ldots \ldots \ldots \quad \text{(III}_a\text{)}$$

$$-\,4\,\pi\,V^2\,Rot\,\mathfrak{d} = \left(\frac{\partial\,\mathfrak{H}}{\partial\,t}\right)_1, \quad \ldots \ldots \quad \text{(IV}_a\text{)}$$

$$\mathfrak{E} = 4\,\pi\,V^2\,\mathfrak{d} + [\mathfrak{p}.\,\mathfrak{H}] + [\mathfrak{v}.\,\mathfrak{H}] \quad \ldots \ldots \quad \text{(V}_a\text{)}$$

§ 20. Für gewisse Zwecke ist eine andere Form einiger Gleichungen geeigneter.

Die erste der drei in (IV$_a$) zusammengefassten Beziehungen lautet nämlich

$$-\,4\,\pi\,V^2\left(\frac{\partial\,\mathfrak{d}_z}{\partial\,y} - \frac{\partial\,\mathfrak{d}_y}{\partial\,z}\right) = \frac{\partial\,\mathfrak{H}_x}{\partial\,t} - \mathfrak{p}_x\frac{\partial\,\mathfrak{H}_x}{\partial\,x} - \mathfrak{p}_y\frac{\partial\,\mathfrak{H}_x}{\partial\,y} - \mathfrak{p}_z\frac{\partial\,\mathfrak{H}_x}{\partial\,z},$$

wo sich, der Gleichung (II$_a$) zufolge, für die drei letzten Glieder schreiben lässt

$$\left(\mathfrak{p}_x\frac{\partial\,\mathfrak{H}_y}{\partial\,y} - \mathfrak{p}_y\frac{\partial\,\mathfrak{H}_x}{\partial\,y}\right) - \left(\mathfrak{p}_z\frac{\partial\,\mathfrak{H}_x}{\partial\,z} - \mathfrak{p}_x\frac{\partial\,\mathfrak{H}_z}{\partial\,z}\right),$$

was nichts anderes ist als die erste Componente von

$$Rot\,[\mathfrak{p}.\,\mathfrak{H}].$$

Demzufolge erhält man statt (IV$_a$)

$$Rot\,\{4\,\pi\,V^2\,\mathfrak{d} + [\mathfrak{p}.\,\mathfrak{H}]\} = -\,\dot{\mathfrak{H}}.$$

Es lässt sich weiter der Strom $\mathfrak{S}$ ganz eliminiren. Die erste der Gleichungen (III$_a$) wird, wenn man (4$_a$) und (I$_a$) beachtet,

$$\frac{\partial\,\mathfrak{H}_z}{\partial\,y} - \frac{\partial\,\mathfrak{H}_y}{\partial\,z} = 4\,\pi\,\rho\,(\mathfrak{p}_x + \mathfrak{v}_x) + 4\,\pi\left(\frac{\partial\,\mathfrak{d}_x}{\partial\,t} - \mathfrak{p}_x\frac{\partial\,\mathfrak{d}_x}{\partial\,x} - \mathfrak{p}_y\frac{\partial\,\mathfrak{d}_x}{\partial\,y} - \right.$$

$$\left. -\,\mathfrak{p}_z\frac{\partial\,\mathfrak{d}_x}{\partial\,z}\right) = 4\,\pi\,\rho\,\mathfrak{v}_x + 4\,\pi\left\{\left(\mathfrak{p}_x\frac{\partial\,\mathfrak{d}_y}{\partial\,y} - \mathfrak{p}_y\frac{\partial\,\mathfrak{d}_x}{\partial\,y}\right) - \left(\mathfrak{p}_z\frac{\partial\,\mathfrak{d}_x}{\partial\,z} - \right.\right.$$

$$\left.\left. -\,\mathfrak{p}_x\frac{\partial\,\mathfrak{d}_z}{\partial\,z}\right)\right\} + 4\,\pi\frac{\partial\,\mathfrak{d}_x}{\partial\,t}.$$

Hieraus folgt, wenn man einen neuen Vector $\mathfrak{H}'$ mittelst der Gleichung

$$\mathfrak{H}' = \mathfrak{H} - 4\,\pi\,[\mathfrak{p}.\,\mathfrak{d}],$$

definirt,

$$Rot\,\mathfrak{H}' = 4\,\pi\,\rho\,\mathfrak{v} + 4\,\pi\,\dot{\mathfrak{d}}.$$

Führen wir nun noch für die auf *ruhende* Ionen wirkende electrische Kraft das Zeichen $\mathfrak{F}$ ein, so erhalten wir folgende Reihe von Formeln

$$Div\ \mathfrak{b} = \rho, \ \dots\dots\dots\dots \ (\mathrm{I}_b)$$
$$Div\ \mathfrak{H} = 0, \ \dots\dots\dots\dots \ (\mathrm{II}_b)$$
$$Rot\ \mathfrak{H}' = 4\,\pi\,\rho\,\mathfrak{v} + 4\,\pi\,\dot{\mathfrak{b}}, \ \dots\dots \ (\mathrm{III}_b)$$
$$Rot\ \mathfrak{F} = -\,\dot{\mathfrak{H}}, \ \dots\dots\dots \ (\mathrm{IV}_b)$$
$$\mathfrak{F} = 4\,\pi\,V^2\,\mathfrak{b} + [\mathfrak{v}.\mathfrak{H}], \ \dots\dots\dots \ (\mathrm{V}_b)$$
$$\mathfrak{H}' = \mathfrak{H} - 4\,\pi\,[\mathfrak{v}.\mathfrak{b}], \ \dots\dots\dots \ (\mathrm{VI}_b)$$
$$\mathfrak{E} = \mathfrak{F} + [\mathfrak{v}.\mathfrak{H}] \ \dots\dots\dots \ (\mathrm{VII}_b)$$

§ 21. Aus den Gleichungen (I_a) — (V_a) (§ 19) lassen sich auch Formeln ableiten, deren jede nur eine der Grössen $\mathfrak{b}_x$, $\mathfrak{b}_y$, $\mathfrak{b}_z$, $\mathfrak{H}_x$, $\mathfrak{H}_y$, $\mathfrak{H}_z$ enthält.

Zunächst folgt aus (IV_a)

$$-\,4\,\pi\,V^2\,Rot\,Rot\,\mathfrak{b} = Rot\left(\frac{\partial\,\mathfrak{H}}{\partial\,t}\right)_1 = \left(\frac{\partial\,Rot\,\mathfrak{H}}{\partial\,t}\right)_1.$$

Beachtet man hier das § 4, h Gesagte, sowie die Relationen (I_a), (III_a) und (4_a), so gelangt man zu den drei Formeln

$$V^2\,\Delta\,\mathfrak{b}_x - \left(\frac{\partial^2\,\mathfrak{b}_x}{\partial\,t^2}\right)_1 = V^2\,\frac{\partial\,\rho}{\partial\,x} + \left(\frac{\partial}{\partial\,t}\right)_1 \{\rho\,(\mathfrak{p}_x + \mathfrak{v}_x)\}, \text{u.s.w.}\dots(\mathrm{A})$$

In ähnlicher Weise findet man

$$V^2\,\Delta\,\mathfrak{H}_x - \left(\frac{\partial^2\,\mathfrak{H}_x}{\partial\,t^2}\right)_1 = 4\,\pi\,V^2\left[\frac{\partial}{\partial\,z}\{\rho\,(\mathfrak{p}_y + \mathfrak{v}_y)\} - \right.$$
$$\left. -\,\frac{\partial}{\partial\,y}\{\rho\,(\mathfrak{p}_z + \mathfrak{v}_z)\}\right], \text{u. s. w.}\dots\dots(\mathrm{B})$$

Die letzten Glieder dieser sechs Gleichungen sind vollständig bekannt, sobald man weiss, wie sich die Ionen bewegen.

_____

Anwendung auf die Electrostatik.

§ 22. Wir wollen berechnen, mit welchen Kräften die Ionen auf einander wirken, wenn sie alle in Bezug auf die ponderable Materie ruhen. In diesem Falle entsteht ein Zustand, wobei in jedem Punkte $\mathfrak{b}$ und $\mathfrak{H}$ unabhängig von der Zeit sind. Es wird

$$\left(\frac{\partial}{\partial\,t}\right)_1 = -\left(\mathfrak{p}_x\frac{\partial}{\partial\,x} + \mathfrak{p}_y\frac{\partial}{\partial\,y} + \mathfrak{p}_z\frac{\partial}{\partial\,z}\right), \ \dots\dots \ (19)$$

und es reduciren sich die Gleichungen (A) und (B), wenn man der Kürze halber die Operation

$$\Delta - \frac{1}{V^2}\left(\mathfrak{p}_x\frac{\partial}{\partial\,x} + \mathfrak{p}_y\frac{\partial}{\partial\,y} + \mathfrak{p}_z\frac{\partial}{\partial\,z}\right)^2$$

durch Δ' angibt, auf

$$\Delta' \mathfrak{b}_x = \frac{\partial \rho}{\partial x} - \frac{\mathfrak{p}_x}{V^2} \left(\mathfrak{p}_x \frac{\partial \rho}{\partial x} + \mathfrak{p}_y \frac{\partial \rho}{\partial y} + \mathfrak{p}_z \frac{\partial \rho}{\partial z} \right), \text{ u.s.w.,} \cdot \cdot \text{ (A')}$$

und

$$\Delta' \mathfrak{H}_x = 4\,\pi \left(\mathfrak{p}_y \frac{\partial \rho}{\partial z} - \mathfrak{p}_z \frac{\partial \rho}{\partial y} \right), \text{ u. s. w.} \ldots \ldots \ldots \text{ (B')}$$

Um diese Bedingungen zu erfüllen, bestimme man eine Function ω durch

$$\Delta' \omega = \rho$$

und setze

$$\mathfrak{b}_x = \frac{\partial \omega}{\partial x} - \frac{\mathfrak{p}_x}{V^2} \left(\mathfrak{p}_x \frac{\partial \omega}{\partial x} + \mathfrak{p}_y \frac{\partial \omega}{\partial y} + \mathfrak{p}_z \frac{\partial \omega}{\partial z} \right), \text{ u. s. w.,} \cdot \cdot \text{ (20)}$$

$$\mathfrak{H}_x = 4\,\pi \left(\mathfrak{p}_y \frac{\partial \omega}{\partial z} - \mathfrak{p}_z \frac{\partial \omega}{\partial y} \right), \text{ u. s. w.,} \ldots \ldots \text{ (21)}$$

Werthe, welche auch wirklich den Grundgleichungen $(I_a) - (IV_a)$ genügen.

Aus (V_a) folgt nun weiter

$$\mathfrak{E}_x = 4\,\pi\,(V^2 - \mathfrak{p}^2) \frac{\partial \omega}{\partial x}, \text{ u. s. w.,} \ldots \ldots \text{ (22)}$$

wodurch die gesuchten Kräfte gefunden sind.

Unbeschadet der Allgemeinheit können wir annehmen, dass die Translation in der Richtung der x-Axe geschehe. Es wird dann $\mathfrak{p}_y = \mathfrak{p}_z = 0$, $\mathfrak{p}_x = \mathfrak{p}$, und die Formel zur Bestimmung von ω verwandelt sich in

$$\left(1 - \frac{\mathfrak{p}^2}{V^2} \right) \frac{\partial^2 \omega}{\partial x^2} + \frac{\partial^2 \omega}{\partial y^2} + \frac{\partial^2 \omega}{\partial z^2} = \rho \ldots \ldots \text{ (23)}$$

§ 23. Um die Bedeutung der vorstehenden Formeln klarzulegen, wollen wir das betrachtete System S_1 mit einem zweiten S_2 vergleichen. Letzteres soll sich *nicht* verschieben und aus S_1 entstehen durch Vergrösserung aller Dimensionen, welche die Richtung der x-Axe haben (also auch der betreffenden Dimensionen der Ionen), im Verhältniss von $\sqrt{V^2 - \mathfrak{p}^2}$ zu V, oder: zwischen den Coordinaten x, y, z eines Punktes von S_1 und den Coordinaten x', y', z' des demselben entsprechenden Punktes von S_2 lassen wir die Beziehungen

$$x = x'\sqrt{1 - \frac{\mathfrak{p}^2}{V^2}},\ y = y',\ z = z' \ \ldots \ldots (24)$$

bestehen.

Ausserdem sollen die einander entsprechenden Volumelemente, und also auch die Ionen, in S_1 und S_2 gleiche Ladungen haben.

Versieht man alle Grössen, welche sich auf das zweite System beziehen, zur Unterscheidung mit einem Strich, so ist

$$\rho' = \rho\sqrt{1 - \frac{\mathfrak{p}^2}{V^2}},$$

und

$$\frac{\partial^2 \omega'}{\partial x'^2} + \frac{\partial^2 \omega'}{\partial y'^2} + \frac{\partial^2 \omega'}{\partial z'^2} = \rho' = \rho\sqrt{1 - \frac{\mathfrak{p}^2}{V^2}}.$$

Da sich nun die Gleichung (23) in der Gestalt

$$\frac{\partial^2 \omega}{\partial x'^2} + \frac{\partial^2 \omega}{\partial y'^2} + \frac{\partial^2 \omega}{\partial z'^2} = \rho$$

schreiben lässt, so wird

$$\omega = \frac{\omega'}{\sqrt{1 - \frac{\mathfrak{p}^2}{V^2}}},$$

und da in dem zweiten System

$$\mathfrak{E}'_x = 4\,\pi\,V^2\frac{\partial \omega'}{\partial x'},\ \text{u. s. w.}$$

ist,

$$\mathfrak{E}_x = \mathfrak{E}'_x,\ \mathfrak{E}_y = \sqrt{1 - \frac{\mathfrak{p}^2}{V^2}}\,\mathfrak{E}'_y,\ \mathfrak{E}_z = \sqrt{1 - \frac{\mathfrak{p}^2}{V^2}}\,\mathfrak{E}'_z.$$

Dieselben Beziehungen, wie zwischen den Componenten von $\mathfrak{E}$ und $\mathfrak{E}'$, bestehen auch, da die Ladungen in S_1 und S_2 gleich sind, zwischen den in beiden Fällen auf ein Ion wirkenden Kraftcomponenten.

Ist in dem zweiten System an gewissen Stellen $\mathfrak{E}' = 0$, so verschwindet $\mathfrak{E}$ an den correspondirenden Stellen des ersten Systems.

§ 24. Verschiedene Folgerungen aus diesem Satze liegen auf der Hand. Aus der gewöhnlichen Electrostatik weiss man z. B., dass ein Ueberschuss positiver (oder negativer) Ionen sich so über einen

Conductor, und zwar über dessen Oberfläche Σ', vertheilen kann, dass im Innern keine electrische Kraft wirkt. Nimmt man nun diese Vertheilung für das System S_2 und leitet daraus durch die oben besprochene Transformation ein System S_1 ab, so besteht auch in diesem ein Ueberschuss positiver Ionen nur an einer gewissen Oberfläche Σ, während in allen inneren Punkten die electrische Kraft $\mathfrak{E}$ verschwindet. An der Thatsache, dass eine electrische Ladung ihren Sitz an der *Oberfläche* eines Leiters hat, wird durch die Translation der ponderablen Materie also nichts geändert.

Aehnliche Betrachtungen gelten für zwei oder mehr Körper. Steht einem Conductor C ein geladener Körper K gegenüber, so existirt nach einem bekannten Satze immer eine gewisse Ladung an der Oberfläche von C, welche zusammen mit K auf Ionen im Innern des Conductors keine Wirkung ausübt. Dieser Satz bleibt bestehen, wenn die ponderable Materie sich bewegt, und man wird auch dann noch annehmen dürfen, dass sich, unter dem Einflusse von K, auf C von selbst eine „inducirte" Ladung bilde, welche die Wirkung von K auf innere Punkte gerade aufhebt.

Da nach (22) die Componenten von $\mathfrak{E}$ den Differentialquotienten von ω proportional sind, so können wir auch sagen, dass die inducirende und die inducirte Ladung zusammen an allen Punkten von C ein constantes ω hervorrufen. Daraus folgt dann mittelst der Gleichungen (20), (21) und (V_a), dass auch ein bewegtes Ion im Inneren von C keine Kraftwirkung von den beiden Ladungen erfährt.

Schliesslich ist zu bemerken, dass nach unseren Formeln die Vertheilung einer Ladung über einen gegebenen Conductor, sowie die Anziehung oder Abstossung geladener Körper durch die Bewegung der Erde verändert werden müssen. Doch beschränkt sich dieser Einfluss auf Glieder *zweiter* Ordnung, wenn man nämlich den Bruch $\mathfrak{p}/V$ eine Grösse *erster* Ordnung, und somit den Bruch $\mathfrak{p}^2/V^2$ eine Grösse *zweiter* Ordnung nennt.

Da $\mathfrak{p}/V = {}^1/_{10000}$ ist, so darf man, abgesehen von einzelnen sehr speciellen Fällen, nicht hoffen, bei electrischen oder optischen Erscheinungen einen Einfluss der Erdbewegung zu constatiren, der von $\mathfrak{p}^2/V^2$ abhinge. Das Einzige also, was bei geladenen, in Bezug auf die Erde ruhenden Körpern vielleicht zu beobachten wäre, ist die magnetische Kraft (21). Auf den ersten Blick könnte man eine derselben entsprechende Wirkung auf Stromelemente erwarten. Wir werden im § 26 auf diese Frage zurückkommen.

Werthe von $\mathfrak{d}$ und $\mathfrak{H}$ bei einem stationären Strome.

§ 25. Unter Zugrundelegung der Gleichungen (A) und (B) nehmen wir das im § 11 behandelte Problem wieder auf. Wir betrachten, wie dort, die Mittelwerthe und berücksichtigen, dass für dieselben bei stationären Zuständen die Vereinfachung (19) gestattet ist; ausserdem nehmen wir zunächst an, dass der Stromleiter keine merkliche Ladung besitze, sodass $\bar{\rho} = 0$ ist.

Es liegt nahe, den Vector $\overline{\rho\,\mathfrak{v}}$ als „Strom" aufzufassen. Wir denken uns denselben solenoidal vertheilt und bezeichnen ihn mit $\overline{\mathfrak{S}}$, wobei es freilich vorläufig unentschieden bleibt, ob dies nun auch der Mittelwerth des in (4_a) vorkommenden Vectors ist.

Wir leiten nun aus (A) und (B) ab

$$V^2 \, \Delta' \, \overline{\mathfrak{d}}_x = - \left(\mathfrak{p}_x \frac{\partial}{\partial x} + \mathfrak{p}_y \frac{\partial}{\partial y} + \mathfrak{p}_z \frac{\partial}{\partial z} \right) \overline{\mathfrak{S}}_x, \text{u. s. w.,}$$

$$\Delta' \, \overline{\mathfrak{H}}_x = 4\,\pi \left(\frac{\partial \overline{\mathfrak{S}}_y}{\partial z} - \frac{\partial \overline{\mathfrak{S}}_z}{\partial y} \right), \text{ u. s. w.}$$

Bestimmt man also drei Hülfsgrössen χ_x, χ_y, χ_z[1]) mittelst der Gleichungen

$$\Delta' \, \chi_x = \overline{\mathfrak{S}}_x, \quad \Delta' \, \chi_y = \overline{\mathfrak{S}}_y, \quad \Delta' \, \chi_z = \overline{\mathfrak{S}}_z,$$

so wird überall

$$\overline{\mathfrak{d}}_x = - \frac{1}{V^2} \left(\mathfrak{p}_x \frac{\partial}{\partial x} + \mathfrak{p}_y \frac{\partial}{\partial y} + \mathfrak{p}_z \frac{\partial}{\partial z} \right) \chi_x, \text{u.s.w.,} \quad . \quad . \quad (25)$$

$$\overline{\mathfrak{H}}_x = 4\,\pi \left(\frac{\partial \chi_y}{\partial z} - \frac{\partial \chi_z}{\partial y} \right), \text{ u. s. w.,} \quad . \quad . \quad . \quad . \quad (26)$$

---

1) Diese Grössen unterscheiden sich, wenn $\mathfrak{p} = 0$, nur durch einen constanten Factor von den Componenten des Vectorpotentials.

und nach (V_a) die electrische Kraft, welche auf ruhende Ionen wirkt,

$$\overline{\mathfrak{S}_x} = -4\,\pi\,\frac{\partial}{\partial x}\,(\mathfrak{p}_x\,\chi_x + \mathfrak{p}_y\,\chi_y + \mathfrak{p}_z\,\chi_z)\,, \quad \text{u. s. w.} \quad \ldots (27)$$

Auf den ersten Blick scheint es daher, als ob ein von einem Strom durchflossener Leiter auf ruhende Ionen mit einer Kraft erster Ordnung wirke. Bei näherer Ueberlegung findet man aber, dass die Kraft (27) von einer anderen gerade compensirt wird.

Die Werthe (27) stimmen nämlich vollkommen mit den Ausdrücken (22) überein, wenn man darin

$$\omega = -\frac{\mathfrak{p}_x\,\chi_x + \mathfrak{p}_y\,\chi_y + \mathfrak{p}_z\,\chi_z}{V^2 - \mathfrak{p}^2}. \quad \ldots \ldots (28)$$

setzt. Dieses ω würde nach § 22 zu einer electrischen Ladung gehören, deren Dichte

$$\rho = \Delta'\,\omega\,,$$

oder nach den mitgetheilten Formeln

$$\rho = -\frac{\mathfrak{p}_x\,\overline{\mathfrak{S}_x} + \mathfrak{p}_y\,\overline{\mathfrak{S}_y} + \mathfrak{p}_z\,\overline{\mathfrak{S}_z}}{V^2 - \mathfrak{p}^2} \quad \ldots \ldots (29)$$

ist.

Denken wir uns für einen Augenblick, dass der Strom nicht bestehe, wohl aber eine Ladung mit dieser mittleren Dichtigkeit ρ. Dieselbe würde natürlich nur in dem Leiter bestehen, und der Gesammtbetrag wäre Null, wie aus (29) und

$$\Delta\,\overline{\mathfrak{S}} = 0$$

folgt. Offenbar würde nun diese Ionenvertheilung, sich selbst überlassen, gänzlich verschwinden. Wir können das auch so ausdrücken, dass die Ladung, vermöge ihrer Wirkung auf ruhende Ionen, diese in Bewegung setze, und dass dadurch schliesslich neben ihr noch eine andere Ladung A mit der mittleren Dichtigkeit $-\rho$, oder

$$\frac{\mathfrak{p}_x\,\overline{\mathfrak{S}_x} + \mathfrak{p}_y\,\overline{\mathfrak{S}_y} + \mathfrak{p}_z\,\overline{\mathfrak{S}_z}}{V^2 - \mathfrak{p}^2}$$

auftrete. Da nun der Strom, den wir anfänglich betrachteten, gerade so auf ruhende Ionen wirkt, wie die Ladung (29), so wird er nach kurzer Zeit ebenso die Ladung A hervorrufen; diese hebt dann seine Wirkungen auf ruhende Ionen auf, und zwar nicht bloss in äusseren Punkten, sondern auch, wenigstens was die Mittelwerthe der Kräfte betrifft, im Innern des Stromleiters. Ich will diese Ladung A die *Compensationsladung* nennen. Ist sie einmal entstanden, so kann der Stromleiter keine Electricitätsbewegung in einem benachbarten Körper hervorrufen. Ein stationärer Strom in einem sich mit der Erde bewegenden Draht übt also auf einen Stromkreis, der ebenso in Bezug auf die Erde ruht, ungeachtet der Erdbewegung keine Inductionswirkung aus [1]).

Zu bemerken ist nun noch, dass in dem schliesslich eintretenden Zustande des Systems ρ und $\mathfrak{v}$ gewisse Werthe, von der Ordnung $\mathfrak{p}$, haben. Unter Vernachlässigung der Grössen zweiter Ordnung folgt dann wirklich aus (4_a)

$$\overline{\mathfrak{S}} = \overline{\rho\,\mathfrak{v}}.$$

Wirkung zwischen einem geladenen Körper K und einem Stromleiter.

§ 26. Nach dem Vorhergehenden haben wir anzunehmen, dass in dem Stromleiter neben dem Strome $\overline{\mathfrak{S}}$ die Compensationsladung A bestehe und ausserdem (an der Oberfläche des Leiters) die durch K hervorgerufene Influenzladung B. Zur Vereinfachung stellen wir uns vor, dass $\overline{\mathfrak{S}}$, A und B neben einander als von einander unabhängige Ionensysteme bestehen [2]).

---

1) Es möge daran erinnert werden, dass Hr. BUDDE (Wied. Ann., Bd. 10, p. 553, 1880), unter Zugrundelegung des CLAUSIUS'schen Gesetzes, zu denselben Schlüssen gelangt ist, die ich hier gezogen habe. Sein Werth für die Dichtigkeit der Compensationsladung stimmt sogar vollkommen mit dem oben gefundenen überein, wenn man in diesem $\mathfrak{p}^2$ vernachlässigt.

2) Diese Vorstellungsweise ist indessen keine nothwendige. Damit die im Texte mitgetheilten Betrachtungen richtig seien, braucht nicht angenommen zu werden, dass die Ionen, welche die Ladungen A und B bilden, in Ruhe bleiben und der daneben bestehenden Strömung gänzlich entzogen seien. Man kann sich ebenso gut denken dass *alle* Ionen sich bewegen, und zwar, ähnlich wie in Electrolyten, in höchst unregelmässiger Weise. Dabei ist sehr gut ein constanter, von Null verschiedener Mittelwerth $\overline{\rho}$ möglich; dieser constituirt dann die mit A und B bezeichneten Ladungen (d. h. $\overline{\rho}$ setzt sich aus zwei Summanden $\overline{\rho_A}$ und $\overline{\rho_B}$ zusammen), während der Strom $\overline{\mathfrak{S}}$ durch $\overline{\rho\,\mathfrak{v}}$ bestimmt wird.

Jedes der vier Systeme $\overline{\overline{\mathfrak{S}}}$, A, B und K zwingt nun dem
Aether einen besonderen Zustand auf und wirkt demzufolge
auf jedes der übrigen. Wir wollen, um diese Wirkungen kurz
anzudeuten, für die, welche z. B. $\overline{\overline{\mathfrak{S}}}$ auf K ausübt, $(\overline{\overline{\mathfrak{S}}}, K)$
setzen, wobei zu bemerken ist, dass vielleicht $(\overline{\overline{\mathfrak{S}}}, K)$ und $(K, \overline{\overline{\mathfrak{S}}})$
nicht gleich und entgegengesetzt sind, und dass auch Wirkun-
gen wie $(\overline{\overline{\mathfrak{S}}}, \overline{\overline{\mathfrak{S}}})$ bestehen können, nämlich Kräfte, welche auf
eines der Ionensysteme infolge der Zustandsveränderungen im
Aether, die es selbst verursacht, wirken.

In leichtverständlicher Symbolik lässt sich nun für die Ge-
sammtwirkung auf K schreiben

$$(K, K) + (B, K) + (\overline{\overline{\mathfrak{S}}}, K) + (A, K),$$

was sich aber, da nach § 25

$$(\overline{\overline{\mathfrak{S}}}, K) + (A, K) = 0$$

ist, auf die beiden ersten Glieder reducirt und also unabhängig vom Strom wird.

Die Kräfte dagegen, welche den Stromleiter angreifen, lassen sich durch einen aus 12 Gliedern bestehenden Ausdruck

---

Ersetzt man nun in (A) und (B) alle Glieder durch die Mittelwerthe, so sieht
man leicht, dass jeder der Vectoren $\overline{\mathfrak{d}}$ und $\overline{\mathfrak{H}}$ aus zwei Theilen besteht, deren einer
nur von $\overline{\rho}$ und der andere nur von $\overline{\rho \mathfrak{v}}$ abhängt. Da nun die Wirkungen nach
aussen durch jene Vectoren bestimmt werden, so müssen sie gerade so sein, als ob
die Ladung und der Strom gar nicht mit einander zusammenhingen.

Aehnliches gilt von den auf den Stromleiter *ausgeübten* Wirkungen. Sind nämlich
$\mathfrak{d}$ und $\mathfrak{H}$ die durch äussere Ursachen im Aether hervorgebrachten Veränderungen,
so ist nach (V_a) die auf ein Volumelement wirkende Kraft

$$4\,\pi\,V^2\,\rho\,\mathfrak{d}\,d\,\tau + \rho\,[\mathfrak{p}.\,\mathfrak{H}]\,d\,\tau + \rho\,[\mathfrak{v}.\,\mathfrak{H}]\,d\,\tau.$$

Die Wirkung, welche ein wahrnehmbarer Theil des Körpers erleidet, lässt sich also
in der Weise berechnen, dass man für die Volumeinheit setzt

$$4\,\pi\,V^2\,\overline{\rho}\,\mathfrak{d} + \overline{\rho}\,[\mathfrak{p}.\,\mathfrak{H}] + [\overline{\rho\,\mathfrak{v}}.\,\mathfrak{H}],$$

was wieder in zwei Theile, mit $\overline{\rho}$ und $\overline{\rho\,\mathfrak{v}}$, zerfällt.

Streng genommen wäre übrigens noch eine *dritte* Ladung zu berücksichtigen gewesen. Der Strom kann nicht bestehen ohne ein Potentialgefälle, und dieses nicht
ohne electrische Ladungen der Theile des Leiters. Diese Ladungen spielen indess
bei der behandelten Frage keine wesentliche Rolle und konnten um so mehr ausser
Acht gelassen werden, als man sich dieselben verschwindend klein denken kann,
wenn man nur eine sehr hohe Leitungsfähigkeit voraussetzt.

darstellen, da die Wirkung von K, $\overline{\mathfrak{S}}$, A und B, jedesmal auf $\overline{\mathfrak{S}}$, A und B, in Betracht kommt. Es ist nun

$$(K, \overline{\mathfrak{S}}) + (B, \overline{\mathfrak{S}}) = 0, \quad (K, A) + (B, A) = 0,$$

$$(\overline{\mathfrak{S}}, A) + (A, A) = 0, \quad (\overline{\mathfrak{S}}, B) + (A, B) = 0,$$

sodass von dem erwähnten Ausdruck nur übrig bleibt

$$(K, B) + (B, B) + (A, \overline{\mathfrak{S}}) + (\overline{\mathfrak{S}}, \overline{\mathfrak{S}}). \quad \ldots \ldots (30)$$

Die durch die beiden ersten Glieder dargestellten Kräfte würden auch bestehen, wenn $\overline{\mathfrak{S}} = 0$, und die beiden letzten Glieder sind unabhängig von dem geladenen Körper K. Eine von K auf den Stromleiter als solchen ausgeübte Wirkung existirt also nicht.

Uebrigens ist in jedem der vier Glieder (30) der von $\mathfrak{p}$ abhängige Theil eine Grösse zweiter Ordnung. Wir wissen das schon von $(K, B) + (B, B)$, da dieses eine electrostatische Wirkung bedeutet. $(A, \overline{\mathfrak{S}})$ und $(\overline{\mathfrak{S}}, \overline{\mathfrak{S}})$ aber stellen Kräfte dar, die auf einen Strom wirken, in welchem die mittlere electrische Dichtigkeit Null ist. Wie man aus (V_a) ersieht, werden derartige Kräfte bestimmt durch den Werth von $\mathfrak{H}$, welcher zum *wirkenden* System gehört. Insofern nun das zu $\overline{\mathfrak{S}}$ gehörige $\mathfrak{H}$ abhängig von $\mathfrak{p}$ ist, ist es zweiter Ordnung (§ 25), und die Compensationsladung A bringt infolge ihrer Geschwindigkeit $\mathfrak{p}$ nur eine magnetische Kraft zweiter Ordnung hervor, da ja ihre Dichtigkeit schon den Factor $\mathfrak{p}/V$ enthält.

Electrodynamische Wirkungen.

§ 27. Die Frage, inwiefern diese Wirkungen durch die Erdbewegung beeinflusst werden, ist jetzt leicht zu beantworten. Bezeichnen wir die Ströme in zwei Leitern mit $\overline{\mathfrak{S}}$ und $\overline{\mathfrak{S}}'$, und die dazu gehörenden Compensationsladungen mit A und A', so ist die auf den zweiten Leiter ausgeübte Wirkung

$$(\overline{\mathfrak{S}}, \overline{\mathfrak{S}}') + (A, \overline{\mathfrak{S}}') + (\overline{\mathfrak{S}}, A') + (A, A'),$$

worin sich aber die beiden letzten Glieder aufheben. Dass $(A, \overline{\mathfrak{S}}')$ und der von $\mathfrak{p}$ abhängige Theil in $(\overline{\mathfrak{S}}, \overline{\mathfrak{S}}')$ von der Ordnung $\mathfrak{p}^2/V^2$ sind, folgt aus Betrachtungen wie den oben mitgetheilten.

Induction in einem linearen Stromleiter.

§ 28. Ein geschlossener secundärer Draht B werde aus der
Lage B_1 in die Lage B_2 verschoben, während ein primärer
Leiter A gleichzeitig aus der Position A_1 in A_2 übergeht und
die Intensität des primären Stromes von i_1 zu i_2 wächst. Zu
Anfang und Ende der Zeit T, in welcher diese Vorgänge
sich vollziehen, sollen die beiden Leiter ruhen und der pri-
märe Strom constant sein; wirken auf B sonst keine electro-
motorische Kräfte, so ist dieser Draht schliesslich wieder,
wie anfangs, stromlos. Wir wollen die Electricitätsmenge bestimmen, welche in der Zeit T durch einen Querschnitt des
Drahtes hindurchgegangen ist, und zwar werden wir dabei *nur
an den Convectionsstrom* denken.

Nach Ablauf des ganzen Vorganges hat die Oberfläche von B
nirgends eine electrische Ladung. Daraus folgt, dass die hindurch-
geströmte Electricitätsmenge für alle Querschnitte dieselbe ist,
und dass der Leiter in unendlich dünne Stromröhren zerlegt
werden kann, dergestalt, dass in jeder derselben gleichfalls
durch alle Querschnitte dieselbe Electricitätsmenge fliesst.

Wir betrachten näher eine dieser Röhren und nennen ds ein
Element ihrer Länge, ω einen senkrechten Querschnitt, $N\,dt$
die Zahl der positiven Ionen, welche denselben während der Zeit
dt in der als positiv angenommenen Richtung s passiren, $N'\,dt$
die Zahl der negativen Ionen, welche in entgegengesetzter Richtung sich bewegen, e die Ladung eines positiven und $-e'$ die Ladung eines negativen Ions. Der Gesammtstrom durch ω ist sodann

$$i = \int (N\,e + N'\,e')\,dt \quad\ldots\ldots\ldots (31)$$

Es seien weiter $\mathfrak{E}_s$ und $\mathfrak{E}'_s$ die in der Richtung von ds wirkenden
electrischen Kräfte, welche für ein positives oder ein negatives
Ion in Betracht kommen. Dem Ohm'schen Gesetze gemäss soll
angenommen werden, dass die Fortbewegung der Ionen durch
diese Kräfte so bestimmt werde, dass N und N' den Mittelwerthen derselben proportional seien; dieses, sowie die Propor-
tionalität mit ω, drücken wir aus durch

$$N = p\,\overline{\mathfrak{E}_s}\,\omega, \quad N' = q\,\overline{\mathfrak{E}'_s}\,\omega,$$

worin p und q constante Factoren sind.

Es ist nun nöthig, zwischen der Geschwindigkeit des betrachteten Leiterelementes und der relativen Geschwindigkeit eines Ions *in* dem Drahte zu unterscheiden. Erstere heisse $\mathfrak{v}$ und letztere $\mathfrak{w}$. Aus (V_a) ergibt sich dann

$$\mathfrak{E} = 4\,\pi\,V^2\,\mathfrak{b} + [\mathfrak{p}.\,\mathfrak{H}] + [\mathfrak{v}.\,\mathfrak{H}] + [\mathfrak{w}.\,\mathfrak{H}].$$

Die Geschwindigkeit $\mathfrak{w}$ hat aber die Richtung von $d\,s$; man hat demzufolge $[\mathfrak{w}.\,\mathfrak{H}]_s = 0$, und für positive wie für negative Ionen

$$\mathfrak{E}_s = \mathfrak{E}'_s = 4\,\pi\,V^2\,\mathfrak{b}_s + [\mathfrak{p}.\,\mathfrak{H}]_s + [\mathfrak{v}.\,\mathfrak{H}]_s.$$

Schliesslich verwandelt sich die Gleichung (31) in

$$i = c\,\omega \int \left\{ 4\,\pi\,V^2\,\overline{\mathfrak{b}}_s + [\mathfrak{p}.\,\overline{\mathfrak{H}}]_s + [\mathfrak{v}.\,\overline{\mathfrak{H}}]_s \right\} d\,t,$$

$$c = p\,e + q\,e'.$$

Man dividire durch $c\,\omega$, multiplicire mit $d\,s$ und integrire über den ganzen Stromfaden. Erwägt man dabei, dass i überall in demselben den gleichen Werth hat, und setzt

$$\int \frac{d\,s}{c\,\omega} = \frac{1}{C},$$

so wird man finden

$$i = C \int \left\{ 4\,\pi\,V^2 \int \overline{\mathfrak{b}}_s\,d\,s + \int [\mathfrak{p}.\,\overline{\mathfrak{H}}]_s\,d\,s + \int [\mathfrak{v}.\,\overline{\mathfrak{H}}]_s\,d\,s \right\} d\,t. \ . \ (32)$$

§ 29. Die folgende Betrachtung soll dazu dienen, aus dieser Formel das bekannte Grundgesetz der Induction abzuleiten. Man denke sich eine Fläche σ, auf welcher der Stromfaden bei seiner Bewegung fortwährend liegt, und fasse das Integral

$$\int \overline{\mathfrak{H}}_n\,d\,\sigma = P, \ \ldots\ldots\ldots\ldots \ (33)$$

für den durch den Faden abgeschnittenen Theil, ins Auge.

Diese Grösse, welche man gewöhnlich „die Zahl der von s umfassten magnetischen Kraftlinien" nennt, ändert sich mit der Zeit, und zwar aus zwei Ursachen. Einmal variirt in jedem Punkte $\overline{\mathfrak{H}}$, und zweitens ändert sich das Integrationsgebiet.

Während der Zeit $d\,t$ bringt die erste Ursache folgenden Zuwachs von P hervor

$$d\,t \int \overline{\dot{\mathfrak{H}}}_n\,d\,\sigma.$$

Was aber die zweite Veränderung betrifft, so ist zu beachten, dass jedes Element ds ein unendlich kleines Parallelogramm auf der Fläche beschreibt, und dass der Werth des Oberflächenintegrals $\int \mathfrak{H}_n \, d\sigma$ für dieses Parallelogramm, mit dem passend gewählten Zeichen, in dP eingehen wird. Dieser Werth wird bestimmt durch den Inhalt des Parallelepipeds, das zu Seiten hat ds, $\mathfrak{H}$ und die Strecke $\mathfrak{v} \, dt$ in der Richtung von $\mathfrak{v}$. Man wird für denselben finden

$$- dt \, [\mathfrak{v} . \overline{\mathfrak{H}}]_s \, ds \, ,$$

und für den ganzen Zuwachs von (33)

$$dP = dt \int \dot{\overline{\mathfrak{H}}}_n \, d\sigma - dt \int [\mathfrak{v} . \overline{\mathfrak{H}}]_s \, ds \, ,$$

oder, wenn man die Beziehungen (IV_b) nnd (V_b), sowie den in (1) (§ 4, h) ausgesprochenen Satz berücksichtigt,

$$- dt \int \left\{ 4 \pi \, V^2 \, \overline{\mathfrak{b}}_s + [\mathfrak{p} . \overline{\mathfrak{H}}]_s \right\} ds - dt \int [\mathfrak{v} . \overline{\mathfrak{H}}]_s \, ds.$$

Demzufolge verwandelt sich (32) in

$$i = - C \int dP = C (P_1 - P_2),$$

wo sich P_1 und P_2 auf den Anfang und das Ende der betrachteten Zeit beziehen.

Die Grösse P hängt von den verschiedenen Theilen von $\mathfrak{H}$ ab. Da aber weder zu Anfang noch zu Ende der Zeit T ein inducirter Strom existirt, so begeht man keinen Fehler, wenn man in (33) für $\mathfrak{H}$ lediglich die von dem primären Strom erzeugte magnetische Kraft einsetzt. Der Strich über dem Buchstaben kann dabei wegfallen, und wenn der inducirte Draht sehr dünn ist, darf man bei allen Stromfäden mit demselben P rechnen. Ist dann schliesslich C_1 die Summe aller Zahlen C (d. h. die Leitungsfähigkeit des inducirten Stromkreises), so wird der Integralstrom, den wir zu berechnen wünschten,

$$I = C_1 \, (P_1 - P_2),$$

was mit einem bekannten Satze übereinstimmt.

Die Erdbewegung wurde bei der gegebenen Ableitung nie aus dem Auge verloren; folglich lässt die Formel einen Schluss über den Einfluss dieser Bewegung auf die Inductionserscheinungen zu. Es kommen hierbei nur Grössen *zweiter* Ordnung in Betracht. Das $\mathfrak{H}$, welches zur Bestimmung der Grösse P dienen soll, setzt sich nämlich zusammen aus dem durch (26) bestimmten Vector und der magnetischen Kraft, welche durch die Compensationsladung erzeugt wird. Letztere magnetische Kraft ist von der Ordnung $\mathfrak{p}^2/V^2$, und da in die zur Bestimmung von $\mathfrak{X}_x$, $\mathfrak{X}_y$, $\mathfrak{X}_z$ dienenden Gleichungen (§ 25) auch nur das Quadrat von $\mathfrak{p}$ eingeht, so unterscheiden sich die Werthe (26) nur um Grössen zweiter Ordnung von den bei ruhender Erde geltenden Ausdrücken.

Mit dem Nachweise, dass bei den Inductionserscheinungen kein Einfluss erster Ordnung zu erwarten ist, haben wir die Erklärung für das negative Resultat des Hrn. DES COUDRES gewonnen [1]).

---

1) Eigentlich hätten wir nun noch, unter Berücksichtigung der Erdbewegung, die Wirkung des Inductionsstromes auf eine Galvanometernadel zu betrachten. Bei den Versuchen des Hrn. DES COUDRES (Wied. Ann., Bd. 38, p. 71, 1889) befand sich aber eine Inductionsrolle zwischen zwei hintereinander geschalteten primären Rollen, welche so vom Strom durchflossen wurden, dass sich ihre Wirkungen gerade compensirten. Da nun, welchen Einfluss die Translation übrigens auch haben mag, das Galvanometer in Ruhe bleiben muss, wenn I verschwindet, so dürfen wir aus der Theorie folgern, dass, abgesehen von Grössen zweiter Ordnung, die Compensation durch die Erdbewegung nicht gestört wird.

ABSCHNITT III.

UNTERSUCHUNG DER SCHWINGUNGEN, WELCHE VON OSCILLIRENDEN IONEN ERREGT WERDEN.

Allgemeine Formeln.

§ 30. Sobald die Bewegung der Ionen gegeben ist, stehen in den Gleichungen (A) und (B) (§ 21) auf der rechten Seite bekannte Functionen von x, y, z und t; in Bezug auf die letzte Variable sind dies periodische Functionen, wenn die Ionen Schwingungen mit constanter Amplitude und einer gemeinsamen Oscillationsdauer T ausführen. Man sieht leicht, dass in diesem Falle den Gleichungen genügt wird durch Werthe von $\mathfrak{d}_x$, $\mathfrak{d}_y$, $\mathfrak{d}_z$, $\mathfrak{H}_x$, $\mathfrak{H}_y$, $\mathfrak{H}_z$, welche ebenfalls die Periode T haben. Daher der wichtige und fast selbstverständliche Satz:

Finden in einer Lichtquelle Ionenschwingungen von der Periode T statt, so zeigen $\mathfrak{d}$ und $\mathfrak{H}$ in jedem Punkte, der an der Translation der Quelle theilnimmt, dieselbe Periodicität.

Die Auflösung der Gleichungen führt zu ziemlich complicirten Ausdrücken. Zur Vereinfachung empfiehlt es sich, zunächst die Componenten des Vectors $\mathfrak{H}'$ (§ 20) zu berechnen.

Nach (VI$_b$) ist

$$\mathfrak{H}'_x = \mathfrak{H}_x - 4\,\pi\,(\mathfrak{p}_y\,\mathfrak{d}_z - \mathfrak{p}_z\,\mathfrak{d}_y).$$

Demgemäss wollen wir die zweite und dritte der Gleichungen (A) mit $4\,\pi\,\mathfrak{p}_z$ resp. $-\,4\,\pi\,\mathfrak{p}_y$ multipliciren und sie dann zu der ersten der Gleichungen (B) addiren. Wir erhalten auf diese Weise, unter Berücksichtigung der Bedeutung von $\left(\dfrac{\partial}{\partial\,t}\right)_1$ (§ 19)

$$V^2 \Delta \mathfrak{H}'_x - \left(\frac{\partial^2 \mathfrak{H}'_x}{\partial t^2}\right)_1 = 4\pi V^2 \left\{\frac{\partial (\rho \mathfrak{v}_y)}{\partial z} - \frac{\partial (\rho \mathfrak{v}_z)}{\partial y}\right\} +$$

$$+ 4\pi \mathfrak{p}_z \left\{\frac{\partial (\rho \mathfrak{v}_y)}{\partial t} - \mathfrak{p}_x \frac{\partial (\rho \mathfrak{v}_y)}{\partial x} - \mathfrak{p}_y \frac{\partial (\rho \mathfrak{v}_y)}{\partial y} - \mathfrak{p}_z \frac{\partial (\rho \mathfrak{v}_y)}{\partial z}\right\} -$$

$$- 4\pi \mathfrak{p}_y \left\{\frac{\partial (\rho \mathfrak{v}_z)}{\partial t} - \mathfrak{p}_x \frac{\partial (\rho \mathfrak{v}_z)}{\partial x} - \mathfrak{p}_y \frac{\partial (\rho \mathfrak{v}_z)}{\partial y} - \mathfrak{p}_z \frac{\partial (\rho \mathfrak{v}_z)}{\partial z}\right\}.$$

§ 31. In der weiteren Rechnung sollen nun Grössen von der Ordnung $\mathfrak{p}^2/V^2$ weggelassen werden. *Erstens* vernachlässigen wir also auf der rechten Seite die Glieder mit *zwei* Factoren $\mathfrak{p}_x$, $\mathfrak{p}_y$ oder $\mathfrak{p}_z$, da sich auch ein im übrigen ähnliches Glied mit V^2 vorfindet; wir behalten also nur noch

$$4\pi V^2 \left\{\frac{\partial (\rho \mathfrak{v}_y)}{\partial z} - \frac{\partial (\rho \mathfrak{v}_z)}{\partial y}\right\} + 4\pi \left\{\mathfrak{p}_z \frac{\partial (\rho \mathfrak{v}_y)}{\partial t} - \mathfrak{p}_y \frac{\partial (\rho \mathfrak{v}_z)}{\partial t}\right\}.$$

Zweitens schreiben wir für die Operation, welche auf $\mathfrak{H}'_x$ anzuwenden ist,

$$V^2 \Delta - \left(\frac{\partial}{\partial t} - \mathfrak{p}_x \frac{\partial}{\partial x} - \mathfrak{p}_y \frac{\partial}{\partial y} - \mathfrak{p}_z \frac{\partial}{\partial z}\right)^2 = \left(V^2 \frac{\partial^2}{\partial x^2} + 2\mathfrak{p}_x \frac{\partial^2}{\partial x \partial t}\right) +$$

$$+ \left(V^2 \frac{\partial^2}{\partial y^2} + 2\mathfrak{p}_y \frac{\partial^2}{\partial y \partial t}\right) + \left(V^2 \frac{\partial^2}{\partial z^2} + 2\mathfrak{p}_z \frac{\partial^2}{\partial z \partial t}\right) - \frac{\partial^2}{\partial t^2} =$$

$$= V^2 \left(\frac{\partial}{\partial x} + \frac{\mathfrak{p}_x}{V^2} \frac{\partial}{\partial t}\right)^2 + V^2 \left(\frac{\partial}{\partial y} + \frac{\mathfrak{p}_y}{V^2} \frac{\partial}{\partial t}\right)^2 +$$

$$+ V^2 \left(\frac{\partial}{\partial z} + \frac{\mathfrak{p}_z}{V^2} \frac{\partial}{\partial t}\right)^2 - \frac{\partial^2}{\partial t^2}.$$

Die Gestalt dieses Ausdruckes legt es nahe, statt t eine neue unabhängige Variable

$$t' = t - \frac{\mathfrak{p}_x}{V^2} x - \frac{\mathfrak{p}_y}{V^2} y - \frac{\mathfrak{p}_z}{V^2} z \quad \ldots \ldots \quad (34)$$

einzuführen und $\mathfrak{H}'_x$, sowie $\rho \mathfrak{v}_y$ und $\rho \mathfrak{v}_z$ als Functionen von x, y, z und t' zu betrachten. Wir bezeichnen die dieser Auffassung entsprechenden Differentialquotienten mit

$$\left(\frac{\partial}{\partial x}\right)', \left(\frac{\partial}{\partial y}\right)', \left(\frac{\partial}{\partial z}\right)' \text{ und } \frac{\partial}{\partial t'}$$

und legen dem Zeichen Δ' die Bedeutung

$$\left(\frac{\partial^2}{\partial x^2}\right)' + \left(\frac{\partial^2}{\partial y^2}\right)' + \left(\frac{\partial^2}{\partial z^2}\right)'$$

bei.

4

Es ist nun

$$\frac{\partial}{\partial x} = \left(\frac{\partial}{\partial x}\right)' - \frac{\mathfrak{p}_x}{V^2}\frac{\partial}{\partial t'}, \quad \text{u. s. w.} \quad \ldots \ldots (35)$$

und

$$\frac{\partial}{\partial t} = \frac{\partial}{\partial t'},$$

sodass man zur Bestimmung von $\mathfrak{H}'$ findet

$$V^2 \Delta' \mathfrak{H}'_x - \frac{\partial^2 \mathfrak{H}'_x}{\partial t'^2} = 4\pi V^2 \left[\left\{\frac{\partial(\rho\,\mathfrak{v}_y)}{\partial z}\right\}' - \left\{\frac{\partial(\rho\,\mathfrak{v}_z)}{\partial y}\right\}'\right], \text{u.s.w.}$$

Eine Lösung dieser Gleichungen ist leicht anzugeben. Man denke sich nämlich drei Functionen ψ_x, ψ_y, ψ_z, welche den Bedingungen

$$V^2 \Delta' \psi_x - \frac{\partial^2 \psi_x}{\partial t'^2} = 4\pi V^2 \rho\,\mathfrak{v}_x, \quad \text{u. s. w.} \ldots \ldots (36)$$

genügen, und setze

$$\mathfrak{H}'_x = \left(\frac{\partial\,\psi_y}{\partial z}\right)' - \left(\frac{\partial\,\psi_z}{\partial y}\right)', \quad \text{u. s. w.} \ldots \ldots (37)$$

Nachdem hierdurch $\mathfrak{H}'$ gefunden ist, liefert uns die Gleichung (III$_b$) den Werth von $\mathfrak{b}$ und also auch, wofern man von additiven Constanten Abstand nimmt, den Werth von $\mathfrak{d}$. Aus (VI$_b$) folgt dann weiter $\mathfrak{H}$; aus (V$_b$) uud (VII$_b$) $\mathfrak{F}$ und $\mathfrak{E}$. Dass in dieser Weise wirklich *allen* Gleichungen genügt wird, lässt sich beweisen, soll aber hier der Kürze halber unerörtert bleiben.

Dagegen soll im nächsten Paragraphen der Werth von ψ_x angegeben, und im § 33 die Lösung für einen speciellen Fall weiter entwickelt werden.

Es sei hier noch die Bemerkung vorausgeschickt, dass die Variable t' als Zeit betrachtet werden kann, gerechnet von einem von der Lage des betreffenden Punktes abhängigen Augenblick an. Man kann daher diese Variable die *Ortszeit* dieses Punktes, im Gegensatz zu der *allgemeinen Zeit t*, nennen. Den Uebergang von der einen Zeit zur anderen vermittelt die Gleichung (34).

§ 32. Das Product $\rho\,\mathfrak{v}_x$ in der ersten der Gleichungen (36) ist, wie schon bemerkt wurde, eine bekannte Function von x, y, z und t'. Wir setzen demgemäss

$$\rho\, \mathfrak{v}_x = f(x, y, z, t')$$

und haben dann in

$$\psi_x = -\int \frac{1}{r} f\left(\xi, \eta, \zeta, t' - \frac{r}{V}\right) d\tau \quad \ldots \ldots (38)$$

eine Lösung von (36) [1]). Man hat sich hierbei zwei Punkte vorzustellen, *erstens* den *festen* Punkt (x, y, z), für welchen wir ψ_x berechnen wollen und den wir P nennen, *zweitens* einen *beweglichen* Punkt Q, welcher den ganzen Raum zu durchwandern hat, wo $\rho\, \mathfrak{v}_x$ von Null verschieden ist. Es stellt r die Entfernung QP dar, t' die Ortszeit von P in dem Augenblick, für den wir ψ_x zu berechnen wünschen; weiter hat man unter ξ, η, ζ die Coordinaten von Q, und unter $d\tau$ ein Element des soeben erwähnten Raumes zu verstehen. Die Function $f\left(\xi, \eta, \zeta, t' - \frac{r}{V}\right)$ ist der Werth von $\rho\, \mathfrak{v}_x$ in diesem Elemente, und zwar, wenn die daselbst geltende Ortszeit $t' - \frac{r}{V}$ ist.

Ein einziges leuchtendes Molecül.

§ 33. Zur Erregung der electrischen Schwingungen diene ein einziges Molecül mit oscillirenden Ionen; Q_0 sei ein beliebiger fester Punkt in demselben — der Kürze wegen sagen wir, „es befinde sich das Molecül in Q_0" —, und für P werde ein Ort gewählt, dessen Entfernung von Q_0 sehr viel grösser ist als die Dimensionen des Molecüls. Zur Unterscheidung sei $Q_0 P = r_0$.

Wir wollen nun die verschiedenen, in die Formel (38) eingehenden Distanzen r alle durch r_0 ersetzen und überdies von den Differenzen der Ortszeiten an den verschiedenen Punkten des Molecüls absehen. Auf diese Weise wird

$$\psi_x = -\frac{1}{r_0} \int \rho\, \mathfrak{v}_x\, d\tau,$$

---

1) Den Beweis hierfür findet man z. B. in meiner Abhandlung: La théorie électromagnétique de MAXWELL et son application aux corps mouvants.

wo alle vorkommenden $\rho\,\mathfrak{v}_x$ sich auf *denselben* Zeitpunkt beziehen, und zwar auf den Augenblick, wo die Ortszeit von Q_0

$$t' - \frac{r_0}{V}$$

ist.

Da $\mathfrak{v}_x$ für alle Punkte eines Ions gleich ist, so verwandelt sich, wenn man für die Ladung eines solchen Theilchens e schreibt, das letzte Integral in

$$\Sigma\, e\, \mathfrak{v}_x.$$

Die Summe erstreckt sich hier über alle Ionen des Molecüls.

Stellt nun weiter $\mathfrak{q}$ die Verschiebung eines Ions aus der Gleichgewichtslage dar, so ist

$$\mathfrak{v}_x = \frac{d\,\mathfrak{q}_x}{d\,t},$$

und

$$\Sigma\, e\, \mathfrak{v}_x = \frac{d}{d\,t}\,\Sigma\, e\, \mathfrak{q}_x.$$

Dies hat eine einfache Bedeutung. Man kann den Vector $\Sigma\, e\, \mathfrak{q}$ füglich das *electrische Moment* des Molecüls nennen und ihn mit $\mathfrak{m}$ bezeichnen. Es wird dann

$$\Sigma\, e\, \mathfrak{q}_x = \mathfrak{m}_x,$$

$$\psi_x = -\frac{1}{r_0}\frac{d\,\mathfrak{m}_x}{d\,t} = -\frac{\partial}{\partial\,t}\left(\frac{\mathfrak{m}_x}{r_0}\right);$$

nach dem Gesagten hat man hier den Werth des Differentialquotienten für den Augenblick zu nehmen, in welchem die in Q_0 geltende Ortszeit $t' - \frac{r_0}{V}$ ist. Offenbar kann man auch schreiben

$$\psi_x = -\frac{\partial}{\partial\,t'}\left(\frac{\mathfrak{m}_x}{r_0}\right),$$

worin $\mathfrak{m}_x$ die erste Componente des electrischen Momentes in eben jenem Augenblick bedeutet. Nachdem hierdurch und durch zwei Gleichungen von derselben Gestalt ψ_x, ψ_y, ψ_z für den Punkt (x, y, z) und für die daselbst geltende Ortszeit t' gefunden sind, ist die Untersuchung der sich fortpflanzenden Schwingungen sehr einfach. Die Gleichungen (37) ergeben

$$\mathfrak{H}'_x = \frac{\partial}{\partial\,t'}\left(\frac{\partial}{\partial\,y}\right)'\left(\frac{\mathfrak{m}_z}{r_0}\right) - \frac{\partial}{\partial\,t'}\left(\frac{\partial}{\partial\,z}\right)'\left(\frac{\mathfrak{m}_y}{r_0}\right), \text{ u. s. w., . (39)}$$

und (III$_b$) verwandelt sich, weil wir den Werth von $\mathfrak{b}$ ausserhalb des Molecüls suchen, in

$$4\,\pi\,\dot{\mathfrak{b}} = Rot\,\mathfrak{H}',$$

oder, auf Grund von (35), in

$$4\,\pi\,\dot{\mathfrak{b}}_x = \left(\frac{\partial\,\mathfrak{H}'_z}{\partial\,y}\right)' - \left(\frac{\partial\,\mathfrak{H}'_y}{\partial\,z}\right)' - \frac{\mathfrak{p}_y}{V^2}\frac{\partial\,\mathfrak{H}'_z}{\partial\,t} + \frac{\mathfrak{p}_z}{V^2}\frac{\partial\,\mathfrak{H}'_y}{\partial\,t}\,,\ \text{u. s. w.}$$

Bringt man die zwei letzten Glieder auf die linke Seite, so erhält man dort, wie aus (V$_b$) hervorgeht, gerade $\frac{1}{V^2}\dot{\mathfrak{F}}_x$, oder $\frac{1}{V^2}\frac{\partial\,\mathfrak{F}_x}{\partial\,t'}$; man darf ja, da sich $\mathfrak{H}$ und $\mathfrak{H}'$ nur um Grössen von der Ordnung $\mathfrak{p}$ von einander unterscheiden, das Vectorproduct in (V$_b$) durch $[\mathfrak{p}.\,\mathfrak{H}']$ ersetzen.

Aus

$$\frac{\partial\,\mathfrak{F}_x}{\partial\,t'} = V^2\left[\left(\frac{\partial\,\mathfrak{H}'_z}{\partial\,y}\right)' - \left(\frac{\partial\,\mathfrak{H}'_y}{\partial\,z}\right)'\right],\ \text{u. s. w.}$$

ergibt sich nun $\mathfrak{F}$ durch Integration; Constanten lassen wir dabei fort, da es uns am Ende nur um Schwingungen zu thun ist.

Man substituire die Werthe (39) und setze

$$\left(\frac{\partial}{\partial\,x}\right)'\left(\frac{\mathfrak{m}_x}{r_0}\right) + \left(\frac{\partial}{\partial\,y}\right)'\left(\frac{\mathfrak{m}_y}{r_0}\right) + \left(\frac{\partial}{\partial\,z}\right)'\left(\frac{\mathfrak{m}_z}{r_0}\right) = S.$$

Es wird dann

$$\mathfrak{F}_x = V^2\left\{\left(\frac{\partial\,S}{\partial\,x}\right)' - \Delta'\left(\frac{\mathfrak{m}_x}{r_0}\right)\right\},\ \text{u. s. w.,}\ \ldots\ldots\ (40)$$

und zwar beziehen sich hier noch immer $\mathfrak{m}_x$, $\mathfrak{m}_y$, $\mathfrak{m}_z$ auf den oben angegebenen Augenblick.

Wie nun die übrigen in (I$_b$)—(VII$_b$) vorkommenden Grössen bestimmt werden können, leuchtet sofort ein.

§ 34. Einige Worte noch über den bei obiger Rechnung begangenen Fehler. Dass in (38) der Factor $\frac{1}{r}$ durch $\frac{1}{r_0}$ ersetzt wurde, bedarf wohl keiner Rechtfertigung. Wir haben aber ausserdem nicht für die Function f die Werthe von $\rho\,\mathfrak{v}_x$ zu den richtigen Zeiten genommen. Einmal haben wir in (38) $t' - \frac{r}{V}$ durch $t' - \frac{r_0}{V}$ ersetzt, also in der Zeit, wenn l eine der

Dimensionen des Molecüls ist, einen Fehler von der Ordnung $\frac{\mathfrak{p}}{V}$ begangen, zweitens wurde die Ungleichheit der Ortszeiten an den verschiedenen Stellen des Molecüls nicht in Betracht gezogen, und darin liegt nach (34) ein Fehler von der Ordnung $\frac{l\,\mathfrak{p}}{V^2}$. Doch man braucht sich selbst dann, wenn man Grössen von der Ordnung $\frac{\mathfrak{p}}{V}$ beibehalten will, um diesen zweiten Fehler nicht zu kümmern, wenn schon der erste vernachlässigt werden darf. Das ist nun in der That der Fall, wenn die Dimensionen des Molecüls sehr viel kleiner als die Wellenlänge $T\,V$ sind. Es ist dann auch l/V erheblich kleiner als T, und es wird sich in der Zeit l/V der Zustand im Molecül nicht merklich ändern.

§ 35. Die Formeln für die Fortpflanzung von *Schwingungen* erhält man, wenn man in die Gleichungen (39) und (40) für $\mathfrak{m}_x$, $\mathfrak{m}_y$, $\mathfrak{m}_z$ goniometrische Functionen der Zeit einsetzt. Ist z. B.

$$\mathfrak{m}_y = 0,\; \mathfrak{m}_z = 0,$$

und, als Function der für die Lage des Molecüls geltenden Ortszeit,

$$\mathfrak{m}_x = a\,\cos 2\,\pi\frac{t'}{T},\;(a\text{ constant}),$$

so ist in einem äusseren Punkte in der Entfernung r und für die zu diesem gehörende Ortszeit t'

$$\mathfrak{H}'_x = 0,\;\mathfrak{H}'_y = \frac{\partial}{\partial t'}\left(\frac{\partial \chi}{\partial z}\right)',\;\mathfrak{H}'_z = -\frac{\partial}{\partial t'}\left(\frac{\partial \chi}{\partial y}\right)',$$

$$\mathfrak{F}_x = -V^2\left(\frac{\partial^2}{\partial y^2}+\frac{\partial^2}{\partial z^2}\right)'\chi,\;\mathfrak{F}_y = V^2\left(\frac{\partial^2 \chi}{\partial x\,\partial y}\right)',\;\mathfrak{F} = V^2\left(\frac{\partial^2 \chi}{\partial x\,\partial z}\right)'.$$

$$\chi = \frac{a}{r}\cos\frac{2\,\pi}{T}\left(t'-\frac{r}{V}\right).$$

Wollen wir nun schliesslich einmal eine ruhende Lichtquelle betrachten, so haben wir einfach alle Accente fortzulassen. Die Formeln stimmen dann mit den Ausdrücken überein, durch welche HERTZ [1]) die Schwingungen in der Nähe seines Vibrators dargestellt hat.

---

1) HERTZ. Wied. Ann., Bd. 36, p. 1, 1889.

Die Richtung der Wellennormale.

§ 36. Es sollen jetzt die Schwingungen in solchen Entfernungen vom leuchtenden Molecül untersucht werden, die erheblich grösser als die Wellenlänge sind. Zu beachten ist hierbei, dass in (39) und (40) $\mathfrak{m}_x$, $\mathfrak{m}_y$, $\mathfrak{m}_z$ goniometrische Functionen von

$$ t' - \frac{r}{V} $$

sind; wir wollen nämlich von jetzt ab r statt r_0 schreiben. Die über die Länge dieser Linie gemachte Annahme berechtigt nun dazu, bei allen Differentiationen nach x, y, z nur die Veränderlichkeit des Argumentes jener goniometrischen Functionen zu berücksichtigen., aber Factoren wie $\frac{1}{r}$, oder $cos\,(r, x)$, womit diese Functionen multiplicirt sind, als constant zu betrachten.

Für eine beliebige der Grössen $\mathfrak{H}'_x$, $\mathfrak{H}'_y$, $\mathfrak{H}'_z$, $\mathfrak{F}_x$, $\mathfrak{F}_y$, $\mathfrak{F}_z$ — wir wollen sie φ nennen — findet man demzufolge einen Ausdruck von der Form

$$ \varphi = A\,cos\,\frac{2\,\pi}{T}\left(t' - \frac{r}{V} + B\right), \quad \ldots \ldots \quad (41) $$

wo A und B zwar von der Länge und der Richtung der Linie $Q_0\,P$ — es ist Q_0 der Ort des Molecüls, und P der betrachtete äussere Punkt — abhängen, aber, wenn r nur gross genug ist, in einem Raume, der viele Wellenlängen umfasst, als constant betrachtet werden dürfen. Während x, y, z die Coordinaten von P sind, bezeichnen wir mit ξ, η, ζ die Coordinaten von Q_0, und mit b_x, b_y, b_z die Richtungsconstanten der Verbindungslinie $Q_0\,P$. Ersetzt man nun in der Formel (41) r durch

$$ b_x\,(x - \xi) + b_y\,(y - \eta) + b_z\,(z - \zeta), $$

und t' durch den Werth (34), so ergibt sich

$$ \varphi = A\,cos\,\frac{2\,\pi}{T}\left\{ t - \left(\frac{b_x}{V} + \frac{\mathfrak{p}_x}{V^2}\right)x - \left(\frac{b_y}{V} + \frac{\mathfrak{p}_y}{V^2}\right)y - \right. $$
$$ \left. - \left(\frac{b_z}{V} + \frac{\mathfrak{p}_z}{V^2}\right)z + C\right\}, \quad \ldots \ldots \quad (42) $$
$$ C = B + \frac{1}{V}(b_x\,\xi + b_y\,\eta + b_z\,\zeta). $$

In einem nicht zu ausgedehnten Gebiete darf man auch b_x, b_y, b_z als constant ansehen und also die Bewegung als ein System ebener Wellen betrachten. Die Richtungsconstanten $b_x{}'$, $b_y{}'$, $b_z{}'$ der Wellennormale sind offenbar aus der Bedingung

$$b_x{}' : b_y{}' : b_z{}' = \left(b_x + \frac{\mathfrak{p}_x}{V}\right) : \left(b_y + \frac{\mathfrak{p}_y}{V}\right) : \left(b_z + \frac{\mathfrak{p}_z}{V}\right) \quad . \ . \ (43)$$

zu bestimmen. Für $\mathfrak{p} = 0$ fallen $b_x{}'$, $b_y{}'$, $b_z{}'$ mit b_x, b_y, b_z zusammen und stehen die Wellen senkrecht zu $Q_0\,P$. Dem ist nicht mehr so, wenn die Lichtquelle sich bewegt. Aus (43) folgt dann, dass die Wellen senkrecht zu der Linie stehen, die P mit derjenigen Stelle verbindet, an welcher sich die Lichtquelle in dem Augenblick befand, als sie das Licht aussandte, das P zur Zeit t erreicht.

Das Doppler'sche Gesetz.

§ 37. In einem Punkte, der sich mit dem leuchtenden Molecül verschiebt — und also auch für einen Beobachter, der an der Translation theilnimmt —, wechseln, wie wir sahen (§ 30), die Werthe von $\mathfrak{b}_x, \ldots \mathfrak{H}_x, \ldots$ so oft in der Zeiteinheit, wie es der wirklichen Schwingungszeit T der Ionen entspricht.

Man kann aber auch untersuchen, mit welcher Frequenz diese Werthe in einem *ruhenden* Punkte das Zeichen wechseln. Diese Frequenz bedingt *die Schwingungsdauer für einen stillstehenden Beobachter*. Die Frage lässt sich sofort erledigen, wenn man statt x, y, z neue Coordinaten $\mathbf{x}$, $\mathbf{y}$, $\mathbf{z}$ einführt, welche sich auf ein *ruhendes* Axensystem beziehen. Haben die beiden Systeme dieselben Axenrichtungen und zur Zeit $t = 0$ denselben Anfangspunkt, so ist

$$x = \mathbf{x} - \mathfrak{p}_x\,t, \ \ y = \mathbf{y} - \mathfrak{p}_y\,t, \ \ z = \mathbf{z} - \mathfrak{p}_z\,t, \ \ \ldots \ (44)$$

und ergeben sich nach (42) für $\mathfrak{b}_x, \ldots \mathfrak{H}_x, \ldots$ Ausdrücke von der Form

$$A \cos \frac{2\,\pi}{T} \left\{ t + \frac{\mathfrak{p}_r}{V}\,t - \left(\frac{b_x}{V} + \frac{\mathfrak{p}_x}{V^2}\right)\mathbf{x} - \text{u. s. w.} \ldots + C \right\},$$

worin

$$\mathfrak{p}_r = b_x\,\mathfrak{p}_x + b_y\,\mathfrak{p}_y + b_z\,\mathfrak{p}_z$$

die Componente von $\mathfrak{p}$ nach der Verbindungslinie $Q_0\,P$ ist. Die „beobachtete" Schwingungsdauer wird also

$$T' = \frac{T}{1 + \dfrac{\mathfrak{p}_r}{V}} = T\left(1 - \frac{\mathfrak{p}_r}{V}\right),$$

was mit dem bekannten DOPPLER'schen Gesetze übereinstimmt [1]).

---

[1]) Die hier gegebene Ableitung lässt sich leicht so verallgemeinern, dass sie auf alle ähnlichen Fälle, z. B. auch auf tönende Körper, anwendbar wird. Ein beliebiger Körper A verschiebe sich mit der constanten Geschwindigkeit $\mathfrak{p}$ in einem Medium, das entweder in Ruhe bleibe, oder in einen *stationären* Bewegungszustand gerathe. In diesem letzteren Falle (der den ersteren miteinschliesst) findet man in irgend einem Punkte P, *der mit dem Körper A fortschreitet*, immerfort denselben Bewegungszustand, und kann man also sagen, es nehme die ganze Figur, welche die Vertheilung der Geschwindigkeiten in der Umgebung von A darstellt, an der Translation $\mathfrak{p}$ theil.

Man denke sich nun weiter, dass die Theile des Körpers einfache Schwingungen von der Periode T und constanter Amplitude ausführen. Es ist wohl ohne weiteres klar, dass dann, wenn seit dem Anfange dieser Bewegung eine genügend lange Zeit verstrichen ist, in dem soeben genannten Punkte P die Abweichung vom Gleichgewichte, oder, besser gesagt, von dem stationären Strömungszustande, nothwendig die Periode T haben muss. Führt man jetzt die Coordinaten x, y, z in Bezug auf ein mit dem Körper fortschreitendes Axensystem (relative Coordinaten) ein, und beschränkt sich auf einen Raum, der so weit von A entfernt und so klein ist, dass man von ebenen Wellen in demselben reden darf, so wird sich die genannte Abweichung darstellen lassen durch Ausdrücke von der Form

$$\Phi = A\cos\frac{2\,\pi}{T}\left\{t - \frac{a_x\,x + a_y\,y + a_z\,z}{V} + p\right\} \;\;.\;\;.\;\;.\;\;.\;\;(45)$$

Es sind hier a_x, a_y, a_z die Richtungsconstanten der Wellennormale, während V die Fortpflanzungsgeschwindigkeit bedeutet.

Will man nun wissen, mit welcher Frequenz Φ in einem *ruhenden* Punkte das Zeichen wechselt, so hat man die Coordinaten $\mathbf{x}$, $\mathbf{y}$, $\mathbf{z}$ in Bezug auf ruhende Axen einzuführen. Durch Anwendung der Beziehungen (44) verwandelt sich (45) in

$$\Phi = A\cos\frac{2\,\pi}{T}\left\{t + \frac{\mathfrak{p}_n}{V}\,t - \frac{a_x\,\mathbf{x} + a_y\,\mathbf{y} + a_z\,\mathbf{z}}{V} + p\right\},$$

wo

$$\mathfrak{p}_n = a_x\,\mathfrak{p}_x + a_y\,\mathfrak{p}_y + a_z\,\mathfrak{p}_z$$

die Componente von $\mathfrak{p}$ nach der Wellennormale ist.

Für die beobachtete Schwingungsdauer ergibt sich jetzt

$$T' = \frac{T}{1 + \dfrac{\mathfrak{p}_n}{V}} = T\left(1 - \frac{\mathfrak{p}_n}{V}\right).$$

Soll sich das Gesetz ergeben, wie es gewöhnlich angewandt wird, so muss natürlich noch angenommen werden, *dass die Translation nichts an der wirklichen Schwingungsdauer der leuchtenden Theilchen ändere.* Ich muss es unterlassen, von dieser Hypothese Rechenschaft zu geben, da wir von der Natur der Molecularkräfte, welche die Schwingungsdauer bestimmen, nichts wissen.

§ 38. Der Fall, dass die Lichtquelle ruht und der Beobachter fortschreitet, lässt eine ähnliche Behandlung zu. Sind nämlich, wie oben, $\mathbf{x, y, z}$ die Coordinaten, bezogen auf ruhende Axen, so ist jetzt, in einem entfernten Punkte P, eine beliebige der Grössen $\mathfrak{b}_x, \ldots, \mathfrak{H}_x, \ldots$ darzustellen durch

$$A \cos \frac{2\pi}{T} \left(t - \frac{b_x \mathbf{x} + b_y \mathbf{y} + b_z \mathbf{z}}{V} + C \right) \ldots \ldots (46)$$

Die zur Wahrnehmung kommende Bewegung beschreibt man aber am passendsten mittelst eines Coordinatensystems, das an der Translation $\mathfrak{p}$ des Beobachters theilnimmt. Es sind da wieder die Beziehungen (44) anwendbar, und es verwandelt sich (46) in

$$A \cos \frac{2\pi}{T} \left(t - \frac{\mathfrak{p}_r}{V} t - \frac{b_x x + b_y y + b_z z}{V} + C \right),$$

woraus sich für die jetzt „beobachtete" Schwingungsdauer ergibt

$$T' = \frac{T}{1 - \dfrac{\mathfrak{p}_r}{V}} = T \left(1 + \frac{\mathfrak{p}_r}{V} \right).$$

Was wir oben ohne Beweis hingestellt haben, dass nämlich in dem Medium überall die Periode T bestehe, ist nichts Anderes, als was Petzval, in seinen Angriffen gegen die Doppler'sche Theorie, das Gesetz von der Unveränderlichkeit der Schwingungsdauer nannte (Wiener Sitz.-Ber., Bd. 8, p. 134, 1852). Nur vergass derselbe zu bemerken, dass dies Gesetz nur dann Geltung habe, wenn man die Erscheinungen als abhängig von t und den *relativen* Coordinaten betrachtet.

Der Beweis des Satzes ist übrigens leicht zu führen, wenn die Schwingungen unendlich klein sind, und man es also mit homogenen, linearen Differentialgleichungen zu thun hat.

Was die akustischen Erscheinungen betrifft, so wurde das Problem ausführlich behandelt von Was (Het beginsel van Doppler in de geluidsleer, Leiden, Engels, 1881).

ABSCHNITT IV.

DIE BEWEGUNGSGLEICHUNGEN DES LICHTES FÜR PONDERABLE KÖRPER.

Gleichungen für den in ponderablen Körpern eingeschlossenen Aether.

§ 39. Wir wenden uns jetzt der Lichtbewegung in ponderablen, dielectrischen, vollkommen durchsichtigen Körpern zu. Es soll angenommen werden, dass sich diese mit der Geschwindigkeit $\mathfrak{p}$ in beliebiger Richtung verschieben, und dass, wie bereits gesagt wurde, die Molecüle Ionen enthalten, welche an bestimmte Gleichgewichtslagen gebunden sind.

Für eines dieser Theilchen bezeichnen wir wieder die Ladung mit e, und die Verschiebung aus der Gleichgewichtslage mit $\mathfrak{q}$. Die Componenten $\mathfrak{q}_x$, $\mathfrak{q}_y$, $\mathfrak{q}_z$, sowie die Geschwindigkeiten $\dot{\mathfrak{q}}_x$, $\dot{\mathfrak{q}}_y$, $\dot{\mathfrak{q}}_z$ betrachten wir als unendlich klein; d. h. neben Grössen, welche nur eine dieser Componenten als Factor enthalten, vernachlässigen wir Glieder, in denen zwei derartige Factoren vorkommen.

Jeder der betrachteten Körper soll homogen sein. Damit indess die Fälle der Reflexion und Brechung nicht ausgeschlossen seien, denke man sich zwei verschiedene Körper, sei es nun, dass diese (Fig. 1) sich an einer Fläche Σ scharf von ein-

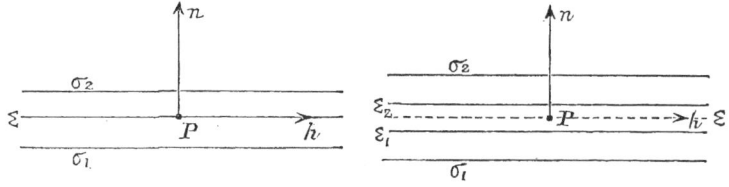

Fig. 1.   Fig. 2.

ander abheben, oder in einer dünnen Grenzschicht, etwa zwischen den Flächen Σ_1 und Σ_2 (Fig. 2), stetig in einander übergehen. Ist in diesem letzteren Falle von der „Grenzfläche" die Rede, so soll damit z. B. eine Fläche Σ, auf halbem Wege zwischen Σ_1 und Σ_2, gemeint sein.

Wir werden immer mit Mittelwerthen rechnen, und zwar nicht nur mit den im § 4, l definirten, sondern hin und wieder auch mit anderen, welche in Betracht kommen, wenn die betreffende Grösse nur in einzelnen Punkten Q, etwa in je einem Punkte der verschiedenen Molecüle, besteht, oder aber, wenn man Anlass hat, nur die Werthe einer Function in derartigen Punkten ins Auge zu fassen. Einen solchen Mittelwerth *zweiter* Art unterscheiden wir von Mittelwerthen *erster* Art durch einen doppelten horizontalen Strich, folgen übrigens bei der Berechnung einer ähnlichen Regel wie bei diesen letzteren. Wir verstehen nämlich unter dem Werth von $\overline{\overline{\varphi}}$ in einem Punkte P das arithmetische Mittel der Werthe von φ in den Punkten Q, sofern diese letzteren innerhalb der im § 4, l genannten, um P beschriebenen Kugel I liegen.

Zufolge der über den Radius R gemachten Annahme (§ 4) sind aus den Mittelwerthen sowohl der zweiten, als auch der ersten Art alle „raschen" Veränderungen verschwunden; es ist jedoch, was die Geschwindigkeit der noch übriggebliebenen Veränderungen betrifft, zu unterscheiden zwischen dem Inneren der Körper und der Grenze. Bringt man in den Figuren 1 und 2 die Flächen σ_1 und σ_2 so an, dass in der ersten Figur beide um die Strecke R von Σ entfernt sind, während in der zweiten diese Entfernung einerseits zwischen Σ_1 und σ_1, andererseits zwischen Σ_2 und σ_2 besteht, so kommen bei der Berechnung von $\overline{\varphi}$ oder $\overline{\overline{\varphi}}$ in Punkten, die ausserhalb der Schicht (σ_1, σ_2) liegen, nur die Werthe von φ in je einem der Körper ins Spiel. Während sich nun die Mittelwerthe, wenn auch vollkommen stetig, von σ_1 zu σ_2 sehr beträchtlich ändern können, wollen wir annehmen, dass die Aenderungen von Punkt zu Punkt im Inneren der Körper viel langsamer vor sich gehen. Dem wird in den zu behandelnden Problemen in der That genügt, wenn nur die *Wellenlänge* λ vielmal grösser als die Entfernung a von σ_1 und σ_2 ist.

Wir wollen sogar voraussetzen, dass sich zwischen λ und a

noch eine solche Strecke l einschalten lasse, dass λ/l und l/a sehr gross werden. Der Zweck dieser Annahme wird bald deutlich werden.

Ist die Grenzfläche Σ gekrümmt, so sollen ihre Krümmungsradien grösser als λ, oder doch wenigstens von derselben Ordnung sein.

§ 40. Es war bereits im § 33 von dem electrischen Momente eines Molecüls die Rede. Die dort gegebene Definition wollen wir auch jetzt beibehalten und in ähnlicher Weise den Vector

$$\frac{1}{I} \Sigma e \mathfrak{q}, \dots \dots \dots \dots \dots (47)$$

wo sich die Summe über alle Ionen im Inneren der Kugel I erstreckt, das *Moment der Volumeinheit* nennen. Genauer sagen wir, es gebe (47) den Werth dieses Momentes im Mittelpunkte der Kugel an. Wählt man für diesen neuen Vector das Zeichen $\mathfrak{M}$, so ist

$$\mathfrak{M}_x = \frac{1}{I} \Sigma e \mathfrak{q}_x, \text{ u. s. w.} \dots \dots \dots (48)$$

Mit diesem $\mathfrak{M}$ hängt eine andere Grösse aufs engste zusammen. Bei der Verschiebung der Ionen aus den Gleichgewichtslagen wird nämlich irgend eine feststehende Fläche von einigen derselben durchsetzt, was man einen „Convectionsstrom durch die Fläche" nennen kann. Ist nun $d\sigma$ ein Flächenelement, dessen Mittelpunkt P, und dessen Normale n ist, so wird die Ladung ε, welche durch dasselbe nach der durch n bezeichneten Seite gegangen ist, von der Lage von P abhängen, wenn man die Grösse $d\sigma$ und die Richtung von n ein für alle Mal festsetzt. Es sei $d\sigma$ sehr klein im Verhältniss zu den molecularen Entfernungen, jedoch so gross, dass wir nicht die Fälle zu berücksichtigen brauchen, in denen ein Ion gerade die Randlinie trifft. Offenbar wird es nun einige Lagen von P geben, bei welchen das Element gar keine Ionen auffängt, und andere, bei denen es den Weg $\mathfrak{q}$ eines Ions schneidet. Im ersteren Falle ist $\varepsilon = 0$, im letzteren gleich der positiv oder negativ gerechneten Ladung des Ions.

Da ε von der Lage von P abhängt, so können wir in gewöhnlicher Weise den Mittelwerth $\bar{\varepsilon}$ bilden; dieser ist nun, wie im nächsten § gezeigt werden soll,

$$\mathfrak{M}_n \, d\sigma.$$

§ 41. Die in der Formel

$$\bar{\varepsilon} = \frac{1}{I} \int \varepsilon \, d\tau$$

enthaltene Regel lässt sich etwas anders ausdrücken. Man wähle nämlich für den Punkt P unendlich viele, wir wollen sagen k, gleichmässig über die Kugel I zerstreute Lagen, und nehme das arithmetische Mittel der für diese Lagen geltenden Werthe von ε, d. h. man setze

$$\bar{\varepsilon} = \frac{1}{k} \, \Sigma \, \varepsilon \quad \ldots \ldots \ldots \ldots \quad (49)$$

Jedes Ion, das seine Gleichgewichtslage im Inneren von I hat, wird nun bei seiner Verschiebung durch einige der dem Elemente $d\sigma$ zugetheilten Positionen hindurchgehen und also einige Glieder zu der Summe $\Sigma \varepsilon$ liefern. Man erhält die ganze Summe, wenn man zunächst die von einem bestimmten Ion herrührenden Glieder zu einander addirt, und dann über alle Ionen summirt.

Es sei Q die Gleichgewichtslage des betrachteten Ions, und Q' die neue Lage; mithin $Q\,Q' = \mathfrak{q}$. Die Länge und die Richtung dieser Linie sind gegeben, und ebenso die Richtung und Grösse von $d\sigma$. Ob das Theilchen das Flächenelement trifft und für die gesuchte Summe den Beitrag e liefert, das hängt nur noch von der relativen Lage von P und Q ab. Man kann daher, anstatt dem Punkte P die k Positionen in der Kugel I zu geben, auch ebenso gut diesen Punkt an seinem Ort belassen und den Punkt Q durch eine Kugel I herumführen. Da nun $Q\,Q'$ das jetzt festliegende Element $d\sigma$ trifft, wenn Q in einem gewissen, leicht anzugebenden Cylinder vom Inhalte $\mathfrak{q}_n \, d\sigma$ liegt, so verhält sich die Zahl der „wirksamen" Positionen zu der ganzen Zahl k, wie der Inhalt dieses Cylinders zu dem Kugelinhalte I. Jene Zahl ist somit

$$\frac{k}{I} \, \mathfrak{q}_n \, d\sigma,$$

und die Summe $\Sigma \varepsilon$, soweit dieselbe von dem Ion Q herrührt,

$$\frac{k}{I} \, e \, \mathfrak{q}_n \, d\sigma.$$

Es wird schliesslich in der Formel (49)

$$\Sigma \, \varepsilon = \frac{k}{I} \, \Sigma \, e \, \mathfrak{q}_n. \, d \, \sigma \, ,$$

wo sich die Summe über alle Ionen der Kugel I erstreckt, und

$$\bar{\varepsilon} = \frac{1}{I} \, \Sigma \, e \, \mathfrak{q}_n. \, d \, \sigma \, ,$$

oder nach (48)

$$\bar{\varepsilon} = \mathfrak{M}_n \, d \, \sigma.$$

§ 42. Den Ausgangspunkt für die weiteren Betrachtungen mögen die Gleichungen $(I_b) — (VII_b)$ (§ 20) bilden. Zunächst bemerken wir, dass die erste derselben gleichbedeutend ist mit

$$\int \mathfrak{d}_n \, d \, \sigma = E,$$

für eine beliebige geschlossene Fläche (n ist nach aussen zu ziehen), wenn E die von dieser umfasste electrische Ladung ist. Besteht nun in einem Elemente $d \tau$ des inneren Raumes im Gleichgewichtszustande die Dichtigkeit ρ_0, und hat, für ein Element der Oberfläche, ε die oben angegebene Bedeutung, so ist

$$E = \int \rho_0 \, d \, \tau — \Sigma \, \varepsilon \, ,$$

wo sich die Summe auf sämmtliche Elemente $d \sigma$ bezieht.

Es wird demnach

$$\int \mathfrak{d}_n \, d \, \sigma + \Sigma \, \varepsilon = \int \rho_0 \, d \, \tau.$$

Aus der Definition der Mittelwerthe findet man jetzt leicht

$$\int \bar{\mathfrak{d}}_n \, d \, \sigma + \Sigma \, \bar{\varepsilon} = \int \bar{\rho}_0 \, d \, \tau.$$

Da nun

$$\bar{\rho}_0 = 0 \, ,$$

und

$$\bar{\varepsilon} = \mathfrak{M}_n \, d \, \sigma$$

ist, so ergibt sich schliesslich

$$\int (\bar{\mathfrak{d}}_n + \mathfrak{M}_n) \, d \, \sigma = 0.$$

Wir wollen nun einen neuen Vector $\mathfrak{D}$ definiren durch die Gleichung

$$\mathfrak{D} = \bar{\mathfrak{d}} + \mathfrak{M},$$

und denselben die *dielectrische Polarisation* nennen.

Dieser Vector, der für den freien Aether, wo $\mathfrak{M} = 0$, in $\mathfrak{d}$ übergeht, ist eben das, was MAXWELL „dielectric displacement" nennt. Seine Grundeigenschaft besteht nach Obigem darin, dass für jede geschlossene Fläche

$$\int \mathfrak{D}_n \, d\sigma = 0, \quad \dots \dots \dots \dots \dots (50)$$

und also im Inneren jedes Körpers

$$Div \, \mathfrak{D} = 0. \quad \dots \dots \dots \dots \dots (I_c)$$

ist.

§ 43. Zu einer wichtigen Grenzbedingung führt die Formel (50), wenn man sie auf eine Fläche anwendet, die theils im ersten, theils im zweiten Körper liegt. Rings um einen bestimmten Punkt P der Grenzfläche Σ (Fig. 1 und 2) lege man eine der Normale in P parallele Cylinderfläche C, und wähle für die besagte Fläche die Oberfläche des aus der Schicht (σ_1, σ_2) herausgeschnittenen Raumes. Sind nun die Dimensionen der in σ_1 und σ_2 abgegrenzten Theile von der Ordnung l (§ 39), so darf man diese Theile als gleiche und parallele, ebene Elemente betrachten, und, da dieselben sehr viel grösser sind als der zwischen σ_1 und σ_2 liegende Theil von C, von dem über diesen letzteren genommenen Integral

$$\int \mathfrak{D}_n \, d\sigma$$

Abstand nehmen. Man findet also, wenn man die in σ_1 und σ_2 geltenden Werthe durch die Indices 1 und 2 von einander unterscheidet, und sowohl an σ_1, als auch an σ_2 die Normale n von dem ersten nach dem zweiten Körper zieht,

$$\mathfrak{D}_{n(1)} = \mathfrak{D}_{n(2)} \quad \dots \dots \dots \dots (51)$$

Hierzu ist noch Eins zu bemerken. In jedem Medium lassen sich $\mathfrak{D}_x$, $\mathfrak{D}_y$, $\mathfrak{D}_z$ als langsam (§ 39) veränderliche Functionen der Coordinaten darstellen, und man müsste, um $\mathfrak{D}_{n(1)}$ und $\mathfrak{D}_{n(2)}$ zu erhalten, in diese Functionen die Coordinaten eines Punktes von σ_1 oder σ_2 einsetzen. Statt dessen kann man aber auch ohne merklichen Fehler — wegen der kleinen Distanz der Flächen — die Coordinaten des in Σ liegenden Punktes P einführen. Es ist also erlaubt zu sagen, dass $\mathfrak{D}_{n(1)}$ und $\mathfrak{D}_{n(2)}$ die Werthe *an der Grenzfläche* seien und dass obige Formel die *Continuität von* $\mathfrak{D}_n$ ausdrücke.

Aehnliche Formeln wie die Gleichungen (I_c) und (51) gehen aus (II_b) hervor; nämlich für das Innere eines Körpers

$$Div\,\overline{\mathfrak{H}} = 0\,,$$

und für die Grenzfläche

$$\overline{\mathfrak{H}}_{n(1)} = \overline{\mathfrak{H}}_{n(2)}.$$

§ 44. Aus der Grundgleichung (III_b) leiten wir ab

$$Rot\,\overline{\mathfrak{H}}' = 4\,\pi\,\overline{\rho\,\mathfrak{v}} + 4\,\pi\,\dot{\overline{\mathfrak{b}}},$$

oder, da vermöge der Definition

$$\overline{\rho\,\mathfrak{v}} = \frac{1}{I}\,\Sigma\,e\,\mathfrak{v} = \frac{1}{I}\,\Sigma\,e\,\dot{\mathfrak{q}} = \dot{\mathfrak{M}}\,,$$

$$Rot\,\overline{\mathfrak{H}}' = 4\,\pi\,\dot{\mathfrak{D}}.$$

Diese Ableitung gilt für das Innere eines Körpers. Um zu der entsprechenden Grenzbedingung zu gelangen, beachte man zunächst, dass (§ 4, *h*) nach der Gleichung (III_b) für eine beliebige Fläche σ, mit der Randlinie s,

$$\int \mathfrak{H}'_s\,d\,s = 4\,\pi \int (\rho\,\mathfrak{v}_n + \dot{\mathfrak{b}}_n)\,d\,\sigma$$

ist, und also auch

$$\int \overline{\mathfrak{H}}'_s\,d\,s = 4\,\pi \int (\overline{\rho\,\mathfrak{v}}_n + \dot{\overline{\mathfrak{b}}}_n)\,d\,\sigma = 4\,\pi \int \dot{\mathfrak{D}}_n\,d\,\sigma \ldots (52)$$

Man lege nun durch den Punkt P (Fig. 1 und 2) eine Ebene, welche die Normale der Grenzfläche und die *beliebige*, zu Σ tangentiale Richtung *h* enthält, und wähle als Fläche σ den Theil dieser Ebene, der zwischen σ_1 und σ_2 liegt und von zwei jener Normale parallelen Linien begrenzt wird. Ist die Länge dieses Streifens in der Richtung *h* von der Ordnung *l* (§ 39), so darf man alle Grössen von der Ordnung *a* vernachlässigen und erhält aus (52)

$$\overline{\mathfrak{H}}'_{h(1)} = \overline{\mathfrak{H}}'_{h(2)}\,,$$

wo die Indices 1 und 2 dieselbe Bedeutung haben wie oben. Für die beiden Componenten von $\overline{\mathfrak{H}}'$ darf man hier die Werthe wieder im Punkte P nehmen, und die Gleichung sagt also aus, *dass die tangentialen Componenten des Vectors* $\overline{\mathfrak{H}}'$ *stetig seien.*

§ 45. Die Gleichung (IV$_b$) lässt eine ähnliche Anwendung
zu. Ich schicke die Bemerkung voraus, dass keine magnetischen
Kräfte existiren, so lange die Ionen ruhen, und dass also $\mathfrak{H}$
von derselben Ordnung ist wie die Geschwindigkeiten $\mathfrak{v}$. In
(VII$_b$) ist somit das letzte Glied zu vernachlässigen; es wird
$\mathfrak{F} = \mathfrak{E}$, sodann nach (IV$_b$) für das Innere eines Körpers

$$Rot\ \overline{\mathfrak{E}} = -\ \dot{\overline{\mathfrak{H}}},$$

und für die Grenzfläche

$$\overline{\mathfrak{E}}_{h(1)} = \overline{\mathfrak{E}}_{h(2)}.$$

Zuletzt folgt noch aus (V$_b$) und (VI$_b$)

$$\overline{\mathfrak{E}} = 4\,\pi\,V^2\,\overline{\mathfrak{d}} + [\mathfrak{p}.\overline{\mathfrak{H}}], \quad \dots\dots\dots (53)$$

und

$$\overline{\mathfrak{H}}' = \overline{\mathfrak{H}} - 4\,\pi\,[\mathfrak{p}.\overline{\mathfrak{d}}] \quad \dots\dots\dots\dots (54)$$

Bewegungsgleichungen für die Ionen.

§ 46. So weit war alles ziemlich einfach. Auf grosse Schwierigkeiten stösst man aber, wenn man nun auch die Bewegungsgleichungen für die schwingenden Ionen selbst bilden will. In
diesen Gleichungen die Verhältnisse auszudrücken, auf welchen
die Dispersion, die Doppelbrechung und die Circularpolarisation
beruhen, würde einen Einblick in moleculare Vorgänge erfor-
dern, wir wie ihn leider auch nicht entfernt gewonnen haben.
Wir wollen uns darauf beschränken, aus einer sehr einfachen
Voraussetzung die wahrscheinlichste Gestalt der gesuchten Beziehungen abzuleiten, und uns dann so gut wie möglich
weiterzuhelfen suchen. Ein Vortheil ist es allerdings, dass
wir bei dieser neuen Aufgabe nur das Innere der homogenen
Körper zu betrachten haben, da, was die Grenzflächen betrifft,
die bereits abgeleiteten Gleichungen alle nothwendigen Bedingungen in sich schliessen.

Die erwähnte Voraussetzung ist nun diese, dass jedes der
einander vollkommen gleichen Molecüle nur ein einziges ver-
schiebbares Ion enthalte, alle übrigen aber festliegen.

Es sei m die Masse eines beweglichen Ions, $\mathfrak{K}$ die gesammte, auf dasselbe wirkende Kraft, N die Anzahl der Molecüle in der Volumeinheit. Aus den Gleichungen

$$m \frac{d^2 \, \mathfrak{q}_x}{d \, t^2} = \mathfrak{R}_x \, , \quad \text{u. s. w.}$$

folgt, wenn man die Mittelwerthe zweiter Art nimmt und mit $e \, N$ multiplicirt,

$$m \frac{\partial^2 \, \mathfrak{M}_x}{\partial \, t^2} = e \, N \overline{\overline{\mathfrak{R}_x}} \, , \quad \text{u. s. w.}$$

Was $\mathfrak{R}$ betrifft, so ist zunächst zu beachten, dass nach unserer Annahme die festliegenden Theile des Molecüls auf das Ion mit einer gewissen Kraft wirken, die eben durch die Verschiebung $\mathfrak{q}$ hervorgerufen wird. Es seien die Componenten dieser Kraft lineare, homogene Functionen von $\mathfrak{q}_x$, $\mathfrak{q}_y$, $\mathfrak{q}_z$, oder vielmehr, denn nur dieses ist für das Weitere von Belang, es seien die Mittelwerthe jener Componenten gegeben durch

$$\left.
\begin{aligned}
& - (s_{1.1} \overline{\overline{\mathfrak{q}_x}} + s_{1.2} \overline{\overline{\mathfrak{q}_y}} + s_{1.3} \overline{\overline{\mathfrak{q}_z}}), \\
& - (s_{2.1} \overline{\overline{\mathfrak{q}_x}} + s_{2.2} \overline{\overline{\mathfrak{q}_y}} + s_{2.3} \overline{\overline{\mathfrak{q}_z}}), \\
& - (s_{3.1} \overline{\overline{\mathfrak{q}_x}} + s_{3.2} \overline{\overline{\mathfrak{q}_y}} + s_{3.3} \overline{\overline{\mathfrak{q}_z}}),
\end{aligned}
\right\} \cdots \cdots \cdots (55)$$

worin mit s gewisse Constanten bezeichnet sind.

Wir nehmen von diesen Kräften noch an, dass sie durch die Translation $\mathfrak{p}$ nicht geändert werden, wenigstens nicht in Betreff der Grössen erster Ordnung.

§ 47. Infolge der electrischen Bewegungen übt nun ferner der Aether eine Wirkung auf das Ion aus. Diese lässt sich aus der Formel (V_b) ableiten, da, wie wir sahen (§ 45), $\mathfrak{E} = \mathfrak{F}$ ist. Wäre es gestattet, für die electrische Kraft $\mathfrak{E}$ überall den Mittelwerth $\overline{\mathfrak{E}}$ zu setzen, der in sämmtlichen Punkten eines Ions dieselbe Grösse und Richtung hat, so hätte man den Ausdrücken (55) nur die Glieder

$$e \, \overline{\mathfrak{E}}_x, \quad e \, \overline{\mathfrak{E}}_y, \quad e \, \overline{\mathfrak{E}}_z \cdots \cdots \cdots \cdots (56)$$

hinzuzufügen.

Aber die Sache ist nicht ganz so einfach. Einmal bringt das schwingende Ion selbst einen Werth von $\mathfrak{E}$ hervor, der nicht in allen Punkten des Theilchens der gleiche ist, sodass man den demselben entsprechenden Theil von $\mathfrak{R}$ nur durch eine

Integration über den vom Ion eingenommenen Raum finden
könnte. Zweitens käme es, selbst wenn man hiervon absehen
dürfte, bei der Berechnung von $\overline{\overline{\mathfrak{K}}}$ nicht auf den Mittelwerth
$\overline{\mathfrak{E}}$, sondern auf den Mittelwerth $\overline{\overline{\mathfrak{E}}}$ an, und ist es nicht erlaubt,
diese beiden mit einander zu verwechseln. Freilich stände dem
nichts entgegen, insoweit die Ionenbewegungen, welche die electrische Kraft $\mathfrak{E}$ hervorrufen, in einer Entfernung vom betrachteten Punkte P stattfinden, die viel grösser als die Distanz der
Molecüle ist, doch rührt $\mathfrak{E}$ zum Theil auch von näher gelegenen
Molecülen her — wir wollen sagen, von den Schwingungen
innerhalb der um P beschriebenen Kugel I —, und ist bei der
unregelmässigen Vertheilung der hierdurch im Aether erzeugten
Zustände eine Ungleichheit von $\overline{\mathfrak{E}}$ und $\overline{\overline{\mathfrak{E}}}$ sehr gut möglich.

Wenn wir nun, diesen Bemerkungen gemäss, um $\overline{\overline{\mathfrak{K}}}$ zu erhalten, zu den Ausdrücken (55) nicht nur die Werthe (56),
sondern auch noch gewisse Zusatzglieder
$$\mathfrak{k}_x, \; \mathfrak{k}_y, \; \mathfrak{k}_z$$
addiren und also

$$m \frac{\partial^2 \mathfrak{M}_x}{\partial t^2} = -eN(s_{1.1}\overline{\overline{\mathfrak{q}_x}} + s_{1.2}\overline{\overline{\mathfrak{q}_y}} + s_{1.3}\overline{\overline{\mathfrak{q}_z}}) + e^2 N \overline{\overline{\mathfrak{E}_x}} + eN\mathfrak{k}_x, \text{u. s. w.} \quad (57)$$

setzen, so lässt sich von den Grössen $\mathfrak{k}$ behaupten, dass sie nur
von den Vorgängen innerhalb der Kugel I abhängen. Ausserdem
steht fest, dass auch diese Zusatzglieder nur bei Verschiebung
der Ionen aus den Gleichgewichtslagen bestehen und — da
die $\mathfrak{q}$ als unendlich klein betrachtet werden — lineare, homogene Functionen der Grössen $\mathfrak{q}$, $\dot{\mathfrak{q}}$, u. s. w., oder vielmehr
von deren Mittelwerthen, sein müssen. Den Gleichungen (48)
zufolge sind also die $\mathfrak{k}$ auch homogene, lineare Functionen der
Werthe, welche $\mathfrak{M}_x$, $\mathfrak{M}_y$, $\mathfrak{M}_z$, $\dot{\mathfrak{M}}_x$, u. s. w. in den verschiedenen Punkten des Kugelraumes I haben. Schliesslich ist noch
zu bedenken, dass sich alle diese Werthe durch Anwendung
des Taylor'schen Satzes ausdrücken lassen in den Werthen,
welche $\mathfrak{M}_x$, $\mathfrak{M}_y$, $\mathfrak{M}_z$, $\dot{\mathfrak{M}}_x$, u. s. w. und die Differentialquotienten nach x, y, z in dem betrachteten Punkte P, dem
Mittelpunkte der Kugel, annehmen. Alle diese Werthe können
somit linear in die Ausdrücke für $\mathfrak{k}_x$, $\mathfrak{k}_y$, $\mathfrak{k}_z$ eingehen.

Inwiefern diese letzteren die Translationsgeschwindigkeit $\mathfrak{p}$ enthalten müssen, bleibt vorläufig unentschieden. Jedenfalls werden, da wir die Grössen zweiter Ordnung vernachlässigen, nur die ersten Potenzen von $\mathfrak{p}_x$, $\mathfrak{p}_y$, $\mathfrak{p}_z$ auftreten. Erwägt man nun noch, dass in den Formeln (57) die Grössen $e\,N\,\overline{\overline{\mathfrak{q}_x}}$, u. s. w. durch $\mathfrak{M}_x$, u. s. w. ersetzt werden können, und denkt man sich diese Gleichungen nach $\overline{\mathfrak{E}}_x$, u. s. w. aufgelöst, so sieht man, dass diese Componenten der electrischen Kraft sich als lineare, homogene Functionen von $\mathfrak{M}_x$, $\mathfrak{M}_y$, $\mathfrak{M}_z$, und deren Derivirten nach x, y, z, t darstellen lassen, und dass die Coefficienten in diesen Functionen die Geschwindigkeiten $\mathfrak{p}_x$, $\mathfrak{p}_y$, $\mathfrak{p}_z$ linear enthalten können.

Der Kürze halber mögen die Gleichungen, die sich aus einer vollständig entwickelten Theorie für $\overline{\mathfrak{E}}_x$, $\overline{\mathfrak{E}}_y$, $\overline{\mathfrak{E}}_z$ ergeben würden, zusammengefasst werden in die Formel

$$\overline{\mathfrak{E}} = F(\mathfrak{M}, \dot{\mathfrak{M}}, \ddot{\mathfrak{M}}, .., \mathfrak{p}) \ldots \ldots \ldots (58)$$

Bei jedem der Vectoren $\mathfrak{M}$, $\dot{\mathfrak{M}}$, $\ddot{\mathfrak{M}}$, ... ist hier auch an die Differentialquotienten seiner Componenten nach den Coordinaten zu denken.

Lassen wir nun endlich unsere vereinfachende Voraussetzung fallen und betrachten jedes Molecül als ein Gebilde von vielleicht sehr verwickelter Structur, das mehrere bewegliche Ionen enthält, so liegt es nahe anzunehmen, dass noch immer eine Beziehung wie die in (58) dargestellte obwalte. Unsere nächste Aufgabe soll es sein, diese Relation mittelst gewisser allgemeiner Betrachtungen soviel wie möglich zu vereinfachen.

Vereinfachung für durchsichtige Körper.

§ 48. Besteht in einem System von Ionen eine gewisse Bewegung, so ist, wie im § 18 nachgewiesen wurde, auch die umgekehrte Bewegung möglich, sobald bei dieser auch die Kräfte nicht electrischen Ursprungs für eine bestimmte Lage der Ionen dieselben sind, wie in dem ursprünglichen Falle. Hieraus folgt unmittelbar, dass sich alle Bewegungen in einem Körper, der neben Ionen auch noch ungeladene Massentheilchen enthält, rückläufig machen lassen, falls nur sämmtliche Molecularkräfte durch die Configurationen bestimmt sind und nicht etwa von den Geschwindigkeiten abhängen.

Bei der Umkehrung der Bewegungen erhalten alle Geschwindigkeiten die entgegengesetzte Richtung, also auch die Translation $\mathfrak{p}$. Weiter sieht man leicht — vgl. die Formeln der §§ 43 und 44 —, dass in dem neuen Zustande zur Zeit t die Vectoren

$$\mathfrak{M}, \ \overline{\mathfrak{H}} \ \text{und} \ \overline{\overline{\mathfrak{E}}}$$

dieselbe Richtung und Grösse haben, wie die Vectoren

$$\mathfrak{M}, \ -\overline{\mathfrak{H}} \ \text{und} \ \overline{\overline{\mathfrak{E}}}$$

in dem ursprünglichen Zustande zur Zeit — t.

Offenbar sind es die *durchsichtigen* Körper, und zwar nur diese [1]), in welchen die Lichtbewegungen in dem angedeuteten Sinne umkehrbar sind, wobei noch ausdrücklich hervorgehoben werden mag, dass die circularpolarisirenden Stoffe keine Ausnahme von dieser Regel bilden [2]).

Wir wollen nun sehen, welche Vereinfachung der Gleichung (58) sich aus der Umkehrbarkeit ergibt; es sollen dabei die Glieder ohne und mit $\mathfrak{p}$ gesondert betrachtet werden.

§ 49. Ist $\mathfrak{p} = 0$, so müssen sich $\overline{\overline{\mathfrak{E}}}_x$, $\overline{\overline{\mathfrak{E}}}_y$, $\overline{\overline{\mathfrak{E}}}_z$ als homogene, lineare Functionen von den Grössen $\mathfrak{M}_x$, $\dot{\mathfrak{M}}_x$, $\ddot{\mathfrak{M}}_x$, u. s. w. und deren Differentialquotienten nach den Coordinaten ausdrücken lassen; die hierzu dienenden Beziehungen müssen ungeändert bleiben, wenn man zu der umgekehrten Bewegung übergeht. Bei dieser Bewegung haben nun (zur Zeit t) $\overline{\overline{\mathfrak{E}}}_x$, $\overline{\overline{\mathfrak{E}}}_y$, $\overline{\overline{\mathfrak{E}}}_z$ und ebenso die Componenten $\mathfrak{M}_x$, $\mathfrak{M}_y$, $\mathfrak{M}_z$, sowie deren Differentialquotienten nach den Coordinaten dieselben Werthe und dieselben Vorzeichen wie bei der ursprünglichen Bewegung (zur Zeit — t). Gleiches gilt auch von allen *geraden* Differentialquotienten nach der Zeit. Die *ungeraden* Differentialquotienten nach t haben dagegen bei den beiden Bewegungen zwar dieselbe Grösse, aber entgegengesetzte Zeichen, und es können diese

---

1) Kehrte man die Bewegungen in einem *absorbirenden* Medium um, so würde sich ein Zustand ergeben, bei dem die Amplitude in der Fortpflanzungsrichtung wüchse.

2) Die *magnetische* Drehung der Polarisationsebene bleibt von unseren Betrachtungen ausgeschlossen.

Derivirten daher nicht in den Beziehungen zwischen $\overline{\mathfrak{E}}$ und $\mathfrak{M}$ vorkommen. Um dies anzudeuten, ersetzen wir (58) für ruhende Körper durch

$$\overline{\mathfrak{E}} = F_1 \left(\mathfrak{M}, \ddot{\mathfrak{M}}, \ldots\right) \ldots \ldots \ldots (59)$$

Lässt man jetzt wieder die Translation zu, so hat man zu F_1 noch einen Vector zu addiren, dessen Componenten lineare und homogene Functionen von $\mathfrak{M}, \dot{\mathfrak{M}}, \ddot{\mathfrak{M}}, \ldots$ sind und in jedem Gliede einen der Factoren $\mathfrak{p}_x, \mathfrak{p}_y, \mathfrak{p}_z$ enthalten; auch dieser neue Vector muss bei dem Uebergange zur umgekehrten Bewegung unverändert bleiben. Da hierbei die Componenten $\mathfrak{p}_x, \mathfrak{p}_y, \mathfrak{p}_z$ das entgegengesetzte Zeichen erhalten, so können sie nur mit solchen Grössen multiplicirt sein, die gleichfalls das Zeichen wechseln, d. h. also mit ungeraden Differentialquotienten nach der Zeit. Die Gleichung (58) nimmt demgemäss im allgemeinen die Gestalt

$$\overline{\mathfrak{E}} = F_1 \left(\mathfrak{M}, \ddot{\mathfrak{M}}, \ldots\right) + F_2 \left(\dot{\mathfrak{M}}, \dddot{\mathfrak{M}}, \ldots, \mathfrak{p}\right) \ldots \ldots (60)$$

an.

Eine weitere Vereinfachung erzielen wir dadurch, dass wir uns an eine bestimmte Art homogenen Lichtes halten, also an goniometrische Functionen der Zeit mit einer bestimmten Periode T. Es ist dann

$$\ddot{\mathfrak{M}} = -\left(\frac{2\,\pi}{T}\right)^2 \mathfrak{M}, \quad \dddot{\mathfrak{M}} = -\left(\frac{2\,\pi}{T}\right)^2 \dot{\mathfrak{M}}, \text{ u. s. w.} \ldots (61)$$

Indem man so in (60) alle geraden Differentialquotienten in $\mathfrak{M}$ und alle ungeraden in $\dot{\mathfrak{M}}$ ausdrückt, wird

$$\overline{\mathfrak{E}} = F_1 \left(\mathfrak{M}\right) + F_2 \left(\dot{\mathfrak{M}}, \mathfrak{p}\right) \ldots \ldots \ldots (62)$$

Die Componenten von F_1 sind jetzt lineare und homogene Functionen von $\mathfrak{M}_x, \mathfrak{M}_y, \mathfrak{M}_z$ und deren Differentialquotienten nach x, y, z, während F_2 in ähnlicher Weise von $\dot{\mathfrak{M}}$ abhängt. Die Coefficienten dieser Functionen können freilich von der Schwingungsdauer T abhängen, da wir die Werthe (61) in (60) eingeführt haben.

Die Dispersion des Lichtes.

§ 50. Man kann eine Erklärung der Farbenzerstreuung auf
zweierlei Weise versuchen, indem man entweder, wie Cauchy
es that, die Veränderung der Gleichgewichtsstörung von Ort zu
Ort, oder die Veränderung mit der Zeit als maassgebend betrachtet. Es ist in dem einen Falle die Wellenlänge, in dem
anderen die Schwingungsdauer, was die Fortpflanzungsgeschwindigkeit *unmittelbar* bedingt, obgleich am Ende Beides
auf dasselbe hinauskommt.

Wollten wir den erstgenannten Weg einschlagen und also
gleichsam die von Cauchy gegebene Erklärung — der mathe-
matischen Form nach — in unserer Theorie reproduciren, so
hätten wir einfach anzunehmen, dass die in (59) zusammengefassten Gleichungen wohl Differentialquotienten nach x, y, z,
nicht aber solche nach t enthalten, und dass namentlich, wegen der Kleinheit von m, das erste Glied in (57) verschwinde.
Es ist klar, dass sich die Fortpflanzungsgeschwindigkeit mit
der Wellenlänge ändern muss, sobald Glieder mit z. B. $\mathfrak{M}_x$ und
$\dfrac{\partial^2 \mathfrak{M}_x}{\partial y^2}$ neben einander stehen. Es gewinnt nämlich die letztere
Grösse der ersteren gegenüber einen um so grösseren Einfluss,
je kleiner die Wellenlänge ist.

Die gerade entgegengesetzte Annahme wäre, dass *nur* Differentialquotienten nach t, keine aber nach x, y, z in der Formel (59) vorkommen. Insofern nun die einzige Grösse der
ersteren Art, deren Einführung sich als nothwendig erwiesen
hat, das Glied

$$m \, \frac{\partial^2 \mathfrak{M}_x}{\partial t^2}$$

in der Gleichung (57) ist, können wir sagen, dass die zweit-
genannte Auffassung die Erscheinung auf die *Masse* der mit-
schwingenden Ionen zurückführe.

Dass diese Erklärung nun wirklich *gelingt*, wurde schon von
v. Helmholtz und früher auch von mir nachgewiesen. Die
neue Gestalt, die ich der Theorie jetzt gebe, macht in dieser
Hinsicht keinen Unterschied.

Wie man weiss, sind es hauptsächlich die Erscheinungen der anomalen Dispersion, welche zu Gunsten der Annahme mitschwingender Massen sprechen. Was andererseits die Differentialquotienten nach x, y, z betrifft, so fragt es sich, ob die Glieder, in denen sie vorkommen, auch gross genug sind, um einen nennenswerthen Einfluss auszuüben. Leider lässt sich hierüber schwerlich urtheilen. Wie wir sahen, können die genannten Glieder nur davon herrühren, dass das electrische Moment $\mathfrak{M}$ nicht in allen Punkten der Kugel I dieselbe Grösse und Richtung hat. Da der Radius viel kleiner als die Wellenlänge ist, so sind die Differenzen sicherlich sehr geringfügig, und wird man daher keinen Anstand nehmen, dieselben zu vernachlässigen, wenn es sich um eine Wirkung auf entfernte Punkte handelt. Allein es wäre voreilig, zu behaupten, dass nicht auch diese kleinen Aenderungen von $\mathfrak{M}$ einen Einfluss auf die Erscheinungen im Inneren der Kugel haben können. Die Drehung der Polarisationsebene, auf die wir noch zurückkommen werden, und die wohl nicht ohne Zuhülfenahme der Differentialquotienten nach x, y, z zu verstehen ist, muss uns schon davon abhalten, einen Einfluss derartiger Glieder auf die Dispersion von vornherein zu verneinen.

Mit mehr Recht kann man *aus den Erscheinungen* auf die Unerheblichkeit dieses Einflusses schliessen. Behält man nämlich in den Gleichungen (59) die Differentialquotienten nach x, y, z bei und vereinfacht dann die Formeln, soweit es auf Grund der bekannten Symmetrieverhältnisse der Krystalle geschehen kann, so wird man zu Gesetzen für die Lichtbewegung geführt, die verwickelter als die thatsächlich geltenden sind und in diese nur übergehen durch eine weitere Vereinfachung der Formeln, für welche kein Grund anzugeben ist. Beispielsweise würden nach jenen Gesetzen die regulären Krystalle nicht isotrop sein, sondern eine eigenthümliche Art Doppelbrechung zeigen müssen [1]).

---

1) Vgl. meine früheren Betrachtungen (Over het verband tusschen de voortplantingssnelheid van het licht en de dichtheid en samenstelling der middenstoffen. Verhandelingen der Akad. van Wet. te Amsterdam, Deel 18, pp. 68—77; Wied. Ann., Bd. 9, p. 656).

Das Gesagte möge es rechtfertigen, dass wir, während vorläufig die circularpolarisirenden Medien ausgeschlossen bleiben, für die übrigen durchsichtigen Körper annehmen, dass die Beziehung (62) keine Differentialquotienten nach x, y, z enthalte. Wir setzen also

$$
\left.
\begin{aligned}
\overline{\mathfrak{E}}_x &= \sigma_{1.1}\,\mathfrak{M}_x + \sigma_{1.2}\,\mathfrak{M}_y + \sigma_{1.3}\,\mathfrak{M}_z + (\dot{\mathfrak{M}},\mathfrak{p})_x\,, \\
\overline{\mathfrak{E}}_y &= \sigma_{2.1}\,\mathfrak{M}_x + \sigma_{2.2}\,\mathfrak{M}_y + \sigma_{2.3}\,\mathfrak{M}_z + (\dot{\mathfrak{M}},\mathfrak{p})_y\,, \\
\overline{\mathfrak{E}}_z &= \sigma_{3.1}\,\mathfrak{M}_x + \sigma_{3.2}\,\mathfrak{M}_y + \sigma_{3.3}\,\mathfrak{M}_z + (\dot{\mathfrak{M}},\mathfrak{p})_z\,,
\end{aligned}
\right\} \; \cdot \cdot (63)
$$

und verstehen hier unter $(\dot{\mathfrak{M}},\mathfrak{p})_x$, $(\dot{\mathfrak{M}},\mathfrak{p})_y$, $(\dot{\mathfrak{M}},\mathfrak{p})_z$ Ausdrücke, die sowohl in Bezug auf $\dot{\mathfrak{M}}_x$, $\dot{\mathfrak{M}}_y$, $\dot{\mathfrak{M}}_z$, als auch auf $\mathfrak{p}_x$, $\mathfrak{p}_y$, $\mathfrak{p}_z$ linear und homogen sind. Die Coefficienten in diesen Ausdrücken, sowie die Factoren σ sind als Functionen von T anzusehen.

Ich werde jetzt nachweisen, dass für eine sehr allgemeine Klasse von Körpern die Glieder $(\mathfrak{M},\mathfrak{p})_x$, u. s. w. verschwinden; zugleich erreichen wir dabei noch eine Vereinfachung der von $\mathfrak{p}$ unabhängigen Glieder.

Körper mit drei zu einander senkrechten Symmetrieebenen.

§ 51. Es sei A irgend ein Körper, und A' ein zweiter Körper, der das Spiegelbild des ersten in Bezug auf eine gewisse Ebene E ist, und zwar bis in die kleinsten Züge, also auch in der Anordnung der kleinsten Theilchen. Hängen die Molecularkräfte in solcher Weise von den Configurationen ab, dass die Vectoren, durch welche sie in A und A' dargestellt werden, sich wie Gegenstände und deren Spiegelbilder verhalten, so können sich (§ 18) in den beiden Körpern Ionenbewegungen und damit verbundene Zustandsveränderungen des Aethers so abspielen, dass auch was diese Erscheinungen betrifft das eine System immerfort das Spiegelbild des anderen ist. Bei dem Uebergange vom ersten System zum zweiten verwandeln sich dann die Vectoren $\overline{\mathfrak{E}}$, $\mathfrak{M}$ und $\mathfrak{p}$ in ihre Spiegelbilder.

Es kann nun der innere Bau des Körpers A derart sein, dass, bei geeigneter Wahl der Ebene E, A und A' in Bezug auf *dasselbe* Coordinatensystem dieselben Eigenschaften haben, dass sich also die Erscheinungen in A und A' durch *dieselben* Gleichungen, ohne Veränderung einer Constante oder eines Zeichens, darstellen lassen. In diesem Falle nennt man E eine *Symmetrieebene*. Die Körper, die wir jetzt ins Auge fassen und auf welche wir uns vorläufig beschränken, sind die, für welche es drei derartige, zu einander senkrechte Symmetrieebenen gibt.

Wir ertheilen den Coordinatenebenen die Richtung der Symmetrieebenen und betrachten zunächst das Spiegelbild in Bezug auf die $y\,z$-Ebene. Bei dem Uebergange zu diesem Bilde wechseln $\overline{\mathfrak{E}}_x$, $\mathfrak{M}_x$ und $\mathfrak{p}_x$ das Zeichen, während die übrigen Componenten von $\overline{\mathfrak{E}}$, $\mathfrak{M}$ und $\mathfrak{p}$ gänzlich unverändert bleiben. Die Formeln (63) müssen jedoch ihre Gültigkeit behalten. Es ist das nur möglich, wenn, nachdem $(\dot{\mathfrak{M}}, \mathfrak{p})_x$, u. s. w. als Functionen von $\dot{\mathfrak{M}}_x, \dot{\mathfrak{M}}_y, \dot{\mathfrak{M}}_z, \mathfrak{p}_x, \mathfrak{p}_y, \mathfrak{p}_z$ dargestellt sind, der Index x in jedem Gliede der ersten Formel einmal, und in jedem Gliede der zweiten und dritten entweder gar nicht, oder zweimal vorkommt. Zu einem ähnlichen Schluss gelangt man auch hinsichtlich der Indices y und z. Betrachtet man überdies noch die Spiegelbilder in Bezug auf die $z\,x$- und die $x\,y$-Ebene, so findet man, dass kein einziges Glied wie $(\dot{\mathfrak{M}}, \mathfrak{p})_x$ zulässig ist, und dass, von den neun Coefficienten σ, nur $\sigma_{1.1}$, $\sigma_{2.2}$ und $\sigma_{3.3}$ von Null verschieden sein können.

Man erhält also

$$\overline{\mathfrak{E}}_x = \sigma_{1.1}\,\mathfrak{M}_x\,,\quad \overline{\mathfrak{E}}_y = \sigma_{2.2}\,\mathfrak{M}_y\,,\quad \overline{\mathfrak{E}}_z = \sigma_{3.3}\,\mathfrak{M}_z\,,\quad \ldots \ (64)$$

oder

$$\frac{4\,\pi\,V^2}{\sigma_{1.1}}\,\overline{\mathfrak{E}}_x = 4\,\pi\,V^2\,\mathfrak{M}_x\,,\quad \text{u. s. w.}$$

Addirt man nun diese Formeln zu den drei in (53) zusammengefassten und setzt

$$1 + \frac{4\,\pi\,V^2}{\sigma_{1.1}} = \varkappa_1\,,\quad 1 + \frac{4\,\pi\,V^2}{\sigma_{2.2}} = \varkappa_2\,,\quad 1 + \frac{4\,\pi\,V^2}{\sigma_{3.3}} = \varkappa_3\,,$$

so wird

$$\varkappa_1\,\overline{\mathfrak{E}}_x = 4\,\pi\,V^2\,\mathfrak{D}_x + [\mathfrak{p}.\,\overline{\mathfrak{H}}]_x\,,\quad \text{u. s. w.}\,,$$

worin, für eine bestimmte Lichtart, $\varkappa_1$, $\varkappa_2$ und $\varkappa_3$ Constanten sind.

Zusammenfassung der Gleichungen.

§ 52. Unter Weglassung der Striche über den Buchstaben — da ja weiterhin *nur* von Mittelwerthen die Rede sein wird — fassen wir jetzt die Bewegungsgleichungen folgendermaassen zusammen.

Im Inneren jedes Körpers ist

$$Div\, \mathfrak{D} = 0, \quad \dots\dots\dots\dots\dots \text{(I}_c\text{)}$$

$$Div\, \mathfrak{H} = 0, \quad \dots\dots\dots\dots\dots \text{(II}_c\text{)}$$

$$Rot\, \mathfrak{H}' = 4\,\pi\,\dot{\mathfrak{D}}, \quad \dots\dots,\dots \text{(III}_c\text{)}$$

$$Rot\, \mathfrak{E} = -\,\dot{\mathfrak{H}}, \quad \dots\dots\dots\dots \text{(IV}_c\text{)}$$

$$\left.\begin{aligned}
&\varkappa_1\,\mathfrak{E}_x = 4\,\pi\,V^2\,\mathfrak{D}_x + [\mathfrak{p}\cdot\mathfrak{H}]_x,\ \ \varkappa_2\,\mathfrak{E}_y = 4\,\pi\,V^2\,\mathfrak{D}_y + [\mathfrak{p}\cdot\mathfrak{H}]_y,\\
&\quad\ \varkappa_3\,\mathfrak{E}_z = 4\,\pi\,V^2\,\mathfrak{D}_z + [\mathfrak{p}\cdot\mathfrak{H}]_z,
\end{aligned}\right\}\ \ \text{(V}_c\text{)}$$

und

$$\mathfrak{H}' = \mathfrak{H} - \frac{1}{V^2}[\mathfrak{p}\cdot\mathfrak{E}], \quad \dots\dots\dots \text{(VI}_c\text{)}$$

da man, mit Vernachlässigung von Grössen zweiter Ordnung, in der Gleichung (54), vermöge der Beziehung (53), $4\,\pi\,\overline{\mathfrak{b}}$ durch $\mathfrak{E}/V^2$ ersetzen darf.

An der Grenzfläche gelten die Bedingungen

$$\mathfrak{D}_{n(1)} = \mathfrak{D}_{n(2)},\ \ \mathfrak{H}_{n(1)} = \mathfrak{H}_{n(2)},\ \ \mathfrak{E}_{h(1)} = \mathfrak{E}_{h(2)},\ \ \mathfrak{H}'_{h(1)} = \mathfrak{H}'_{h(2)}\ \ .\ \ \text{(VIII}_c\text{)}$$

Besteht keine Translation, so fällt $\mathfrak{H}'$ mit $\mathfrak{H}$ zusammen; es gehen dann die Gleichungen (III$_c$) und (V$_c$) über in

$$Rot\, \mathfrak{H} = 4\,\pi\,\dot{\mathfrak{D}}, \quad \dots\dots\dots\dots \text{(III}'_c\text{)}$$

$$\varkappa_1\,\mathfrak{E}_x = 4\,\pi\,V^2\,\mathfrak{D}_x,\ \text{u. s. w.} \quad \dots\dots\dots \text{(V}'_c\text{)}$$

und die letzte der Grenzbedingungen (VIII$_c$) in

$$\mathfrak{H}_{h(1)} = \mathfrak{H}_{h(2)}.$$

Es ergeben sich also für diesen Fall die bekannten Bewegungsgleichungen und Grenzbedingungen der electromagnetischen Lichttheorie. Aus den Formeln (I$_c$), (II$_c$), (III$'_c$), (IV$_c$) und (V$'_c$) leitet man, wenn $\varkappa_1, \varkappa_2, \varkappa_3$ von einander verschieden sind, die Gesetze der Lichtbewegung in zweiaxigen Krystallen, und wenn zwei dieser Grössen denselben Werth haben, die Gesetze für einaxige Krystalle ab, während die Annahme $\varkappa_1 = \varkappa_2 = \varkappa_3$ auf isotrope Körper zurückführt. Da übrigens $\varkappa_1, \varkappa_2$ und $\varkappa_3$ von der

Schwingungsdauer abhängen, so ist auch die Erklärung der Dispersion des Lichtes in den Formeln enthalten.

Auch der Fall des reinen Aethers ist nicht ausgeschlossen. Da in diesem keine electrischen Momente $\mathfrak{M}$ bestehen, so hat man nach (64) $\sigma_{1.1} = \sigma_{2.2} = \sigma_{3.3} = \infty$, und also $\varkappa_1 = \varkappa_2 = \varkappa_3 = 1$ zu setzen. Die Gleichungen (V_c) und (V'_c) verwandeln sich dadurch in

$$\mathfrak{E} = 4\,\pi\,V^2\,\mathfrak{D} + [\mathfrak{p}.\,\mathfrak{H}],$$

$$\mathfrak{E} = 4\,\pi\,V^2\,\mathfrak{D}.$$

Man sieht leicht, dass die Gleichungen, die man auf diese Weise für den Aether erhält, mit den Formeln (I)—(V), oder (I_b)—(VII_b) übereinstimmen.

Selbstredend ist, was das Innere des reinen Aethers betrifft, der Zusammenhang zwischen den verschiedenen Grössen immer derselbe, die ponderable Materie möge sich bewegen oder nicht.

Circularpolarisirende Medien.

§ 53. Körper, welche die Polarisationsebene drehen, wurden im Obigen ausgeschlossen. Eine gründliche Theorie für dieselben aufzustellen, ist bis jetzt nicht thunlich; dennoch mögen einige allgemeine Betrachtungen, wie unser Zweck sie erfordert, hier Platz finden.

Da die Drehung der Polarisationsebene gerade damit zusammenhängt, dass das Medium nicht in allen Eigenschaften mit seinem Spiegelbilde übereinstimmt, so ist das im § 51 Gesagte nicht mehr anwendbar. Nichtsdestoweniger wird alles ziemlich einfach, wenn man sich auf *isotrope* Medien beschränkt.

Nimmt man an, dass in die Beziehung zwischen $\overline{\mathfrak{E}}$ und $\mathfrak{M}$ keine Differentialquotienten nach x, y, z eingehen, so hat man unter dem $F_1(\mathfrak{M})$ der Gleichung (62) einen Vector zu verstehen, der schon durch $\mathfrak{M}$ völlig bestimmt ist, und zwar erfordert die Isotropie, dass die aus $\mathfrak{M}$ und $F_1(\mathfrak{M})$ bestehende Figur in beliebiger Weise gedreht werden kann, ohne dass $F_1(\mathfrak{M})$ aufhört, zu $\mathfrak{M}$ zu passen. Wählt man nun die Richtung von $\mathfrak{M}$ selbst für die Drehungsaxe, so bleibt $\mathfrak{M}$ im-

mer derselbe Vector; es muss dann also auch F_1 ($\mathfrak{M}$) unverändert bleiben, was nur möglich ist, wenn dieser Vector die
Richtung von $\mathfrak{M}$ hat. Mit Rücksicht auf den linearen Character
der gesuchten Relation ist folglich zu setzen

$$F_1 (\mathfrak{M}) = \sigma \mathfrak{M}, \ldots \ldots \ldots \ldots (65)$$

worin σ eine scalare Constante ist.

Der zweite in (62) vorkommende Vector F_2 ($\dot{\mathfrak{M}}$, $\mathfrak{p}$) hat folgende Eigenschaften. Erstens sind seine Componenten homogene,
lineare Functionen von $\dot{\mathfrak{M}}_x$, $\dot{\mathfrak{M}}_y$, $\dot{\mathfrak{M}}_z$ und ebenso von $\mathfrak{p}_x$, $\mathfrak{p}_y$, $\mathfrak{p}_z$.
Zweitens muss nach einer beliebigen Drehung der aus den drei
Vectoren $\dot{\mathfrak{M}}$, $\mathfrak{p}$ und F_2 ($\dot{\mathfrak{M}}$, $\mathfrak{p}$) bestehenden Figur, noch immer
F_2 ($\dot{\mathfrak{M}}$, $\mathfrak{p}$) zu $\dot{\mathfrak{M}}$ und $\mathfrak{p}$ passen. Man leitet hieraus ab [1])

$$F_2 (\dot{\mathfrak{M}}, \mathfrak{p}) = k \, [\dot{\mathfrak{M}}. \, \mathfrak{p}], \ldots \ldots \ldots (66)$$

worin k eine positive oder negative Constante ist, die übrigens,
wie oben σ, noch von der Schwingungszeit T abhängen kann.

---

1) Zerlegt man $\mathfrak{p}$ in zwei Componenten $\mathfrak{p}_1$ und $\mathfrak{p}_2$, so folgt aus der zuerst genannten Eigenschaft von F_2 ($\dot{\mathfrak{M}}$, $\mathfrak{p}$)

$$F_2 (\dot{\mathfrak{M}}, \mathfrak{p}) = F_2 (\dot{\mathfrak{M}}, \mathfrak{p}_1) + F_2 (\dot{\mathfrak{M}}, \mathfrak{p}_2).$$

Man nehme an, dass $\mathfrak{p}_1$ in die Richtung von $\dot{\mathfrak{M}}$ falle, und $\mathfrak{p}_2$ senkrecht darauf
stehe. Dreht man nun die aus $\dot{\mathfrak{M}}$, $\mathfrak{p}_1$ und F_2 ($\dot{\mathfrak{M}}$, $\mathfrak{p}_1$) bestehende Figur um eine
mit $\dot{\mathfrak{M}}$ zusammenfallende Axe, so bleiben $\dot{\mathfrak{M}}$ und $\mathfrak{p}_1$ wie sie sind, und es darf sich
also auch F_2 ($\dot{\mathfrak{M}}$, $\mathfrak{p}_1$) nicht ändern. Dieser Vector muss folglich die Richtung von $\dot{\mathfrak{M}}$
und $\mathfrak{p}_1$ haben. Dass

$$F_2 (\dot{\mathfrak{M}}, \mathfrak{p}_1) = 0 \ldots \ldots \ldots \ldots (67)$$

ist, zeigt man dann weiter mittelst einer Drehung von 180° um eine Axe, die senk-
recht zu $\dot{\mathfrak{M}}$ und $\mathfrak{p}_1$ steht. Bei dieser Drehung würde der Vector F_2 ($\dot{\mathfrak{M}}$, $\mathfrak{p}_1$)
die entgegengesetzte Richtung erhalten; er dürfte sich aber nicht ändern, weil die bei-
den Vectoren $\dot{\mathfrak{M}}$ und $\mathfrak{p}_1$ das Zeichen wechseln.

Um die Richtung von F_2 ($\dot{\mathfrak{M}}$, $\mathfrak{p}_2$) zu ermitteln, drehe man die Figur, welche
dieser Vector mit $\dot{\mathfrak{M}}$ und $\mathfrak{p}_2$ bildet, um eine Axe, die senkrecht zu der Ebene
($\dot{\mathfrak{M}}$, $\mathfrak{p}_2$) oder ($\dot{\mathfrak{M}}$, $\mathfrak{p}$) steht, und zwar um 180°. Dabei gehen $\dot{\mathfrak{M}}$ und $\mathfrak{p}_2$ in
$-\dot{\mathfrak{M}}$ und $-\mathfrak{p}_2$ über; der Vector F_2 ($\dot{\mathfrak{M}}$, $\mathfrak{p}_2$) darf sich daher nicht ändern,
was nur möglich ist, wenn er die Richtung der Axe hat.

Es steht somit der Vector F_2 ($\dot{\mathfrak{M}}$, $\mathfrak{p}_2$) — und also nach (67) auch der Vector
F_2 ($\dot{\mathfrak{M}}$, $\mathfrak{p}$) — senkrecht zu der Ebene ($\dot{\mathfrak{M}}$, $\mathfrak{p}$); seine Grösse ist den Werthen von
$\dot{\mathfrak{M}}$ und $\mathfrak{p}_2$ proportional. Beides haben wir in (66) ausgedrückt.

§ 54. Die Voraussetzung, dass in (62) keine Differentialquotienten nach x, y, z vorkommen, hat uns zu der Gleichung (65) geführt, aus welcher eine Drehung der Polarisationsebene *nicht* hervorgeht. Es ist daher, wie schon früher angedeutet wurde, nöthig, wenigstens in dem Ausdrucke $F_1(\mathfrak{M})$ Derivirte nach den Coordinaten anzunehmen. Das Einfachste ist, dem zweiten Gliede von (65) noch einen Vector $\mathfrak{N}$ hinzuzufügen, dessen Componenten linear und homogen von den *ersten* Differentialquotienten von $\mathfrak{M}_x$, $\mathfrak{M}_y$, $\mathfrak{M}_z$ abhängen. Grösse und Richtung von $\mathfrak{N}$ werden nun wieder durch die Isotropie näher bestimmt. Denkt man sich nämlich in jedem Punkte des Raumes eine Linie, welche den Vector $\mathfrak{M}$ darstellt, und ausserdem im betrachteten Punkte den Vector $\mathfrak{N}$, so muss nach einer beliebigen Drehung dieser ganzen Figur $\mathfrak{N}$ noch immer zu den Vectoren $\mathfrak{M}$ passen. Verträglich hiermit ist nur die Annahme [1])

$$\mathfrak{N} = j \, Rot \, \mathfrak{M},$$

---

1) Nach einer Drehung der erwähnten Figur wollen wir, wie uns das wirklich freisteht, bei der Zerlegung der Vectoren und der Bildung der Differentialquotienten wieder die *ursprünglichen* Coordinatenaxen anwenden. Zunächst finde nun eine Drehung von 180° um die x-Axe statt. Es bleibt dabei $\mathfrak{N}_x$ unverändert; folglich können in dem Ausdrucke für diese Componente nur diejenigen Differentialquotienten von $\mathfrak{M}_x$, $\mathfrak{M}_y$, $\mathfrak{M}_z$ vorkommen, welche das Zeichen *nicht* wechseln. Das sind

$$\frac{\partial \mathfrak{M}_x}{\partial x}, \quad \frac{\partial \mathfrak{M}_y}{\partial y}, \quad \frac{\partial \mathfrak{M}_y}{\partial z}, \quad \frac{\partial \mathfrak{M}_z}{\partial y}, \quad \frac{\partial \mathfrak{M}_z}{\partial z}.$$

Beachtet man weiter, dass bei einer Drehung von 180° um die y- oder die z-Axe $\mathfrak{N}_x$ die entgegengesetzte Richtung annimmt, und dass also diejenigen Differentialquotienten ausgeschlossen sind, welche bei einer dieser Drehungen dasselbe Zeichen behalten, so findet man, dass $\mathfrak{N}_x$ von der Form

$$j \, \frac{\partial \mathfrak{M}_z}{\partial y} + j' \, \frac{\partial \mathfrak{M}_y}{\partial z}$$

sein muss.

Schliesslich denke man sich noch eine Drehung von 90° um die x-Axe, wodurch OY in OZ übergeführt wird. Nach dieser Rotation haben $\dfrac{\partial \mathfrak{M}_z}{\partial y}$ und $\dfrac{\partial \mathfrak{M}_y}{\partial z}$ die Werthe, welche früher $- \dfrac{\partial \mathfrak{M}_y}{\partial z}$ und $- \dfrac{\partial \mathfrak{M}_z}{\partial y}$ hatten; da sich aber $\mathfrak{N}_x$ nicht geändert hat, so muss $j' = -j$ sein. Aus $\mathfrak{N}_x$ findet man $\mathfrak{N}_y$ und $\mathfrak{N}_z$ durch Vertauschung der Buchstaben.

worin j eine gewisse Constante ist, und wollen wir also für ruhende Körper (65) zu

$$F_1 (\mathfrak{M}) = \sigma \, \mathfrak{M} + j \, Rot \, \mathfrak{M}$$

ergänzen.

Man könnte nun auch noch in das Glied $F_2 (\dot{\mathfrak{M}}, \mathfrak{p})$ Differentialquotienten nach x, y, z einführen; wir werden das aber unterlassen, da das bereits Gesagte für unseren Zweck ausreicht. Nach demselben haben wir, wenn wir von jetzt ab den Strich über $\mathfrak{E}$ weglassen, für isotrope, circularpolarisirende Medien zu setzen

$$\mathfrak{E} = \sigma \, \mathfrak{M} + j \, Rot \, \mathfrak{M} + k \, [\dot{\mathfrak{M}} . \mathfrak{p}] \; \ldots \ldots \; (68)$$

§ 55. Es ist nicht ohne Interesse, noch einen Augenblick das Spiegelbild einer Bewegung, für welche die gefundene Gleichung gilt, zu betrachten. Die für diese neue Bewegung geltenden Vectoren, welche $\mathfrak{E}'$, $\mathfrak{M}'$, $\dot{\mathfrak{M}}'$ und $\mathfrak{p}'$ heissen mögen, sind die Spiegelbilder der Vectoren $\mathfrak{E}$, $\mathfrak{M}$, $\dot{\mathfrak{M}}$ und $\mathfrak{p}$. Daraus folgt, dass die Spiegelbilder von $Rot \, \mathfrak{M}$ und $[\dot{\mathfrak{M}} . \mathfrak{p}]$ nicht mit $Rot \, \mathfrak{M}'$ und $[\dot{\mathfrak{M}}' . \mathfrak{p}']$, sondern mit $- \; Rot \, \mathfrak{M}'$ und $- \, [\dot{\mathfrak{M}}' . \mathfrak{p}']$ zusammenfallen. Da nun die in (68) ausgedrückte lineare Relation zwischen vier Vectoren auch dann bestehen bleibt, wenn man jeden derselben durch sein Spiegelbild ersetzt, so muss

$$\mathfrak{E}' = \sigma \, \mathfrak{M}' - j \, Rot \, \mathfrak{M}' - k \, [\dot{\mathfrak{M}}' . \mathfrak{p}']$$

sein. Man ersieht hieraus, dass die Vorgänge, welche in dem Spiegelbilde des betrachteten Körpers stattfinden können, nicht mehr der Beziehung (68) genügen, sondern einer Relation, in der die Glieder mit j und k andere Vorzeichen haben. So bestätigt es sich, dass diese Glieder durchaus damit zusammenhängen, dass der Körper und sein Spiegelbild verschiedene Eigenschaften haben; wir dürfen erwarten, dass denselben wirklich eine Drehung der Polarisationsebene entsprechen wird.

Das Nähere hierüber verschiebe ich auf später. Hier sei nur noch bemerkt, dass die Grösse $j \, Rot \, \mathfrak{M}$, von der wir die natürliche Drehung der Polarisationsebene abhängig machen werden, viele Aehnlichkeit hat mit den Gliedern, die von verschiedenen Physikern in den Bewegungsgleichungen des Lichtes angenom-

men worden sind, um die Circularpolarisation zu erklären. In der
That halte ich, in Ermangelung einer Theorie, welche der Erscheinung tiefer auf den Grund geht, die Einführung des Gliedes
$j\,Rot\,\mathfrak{M}$ für nicht besser und nicht schlechter als die Hypothesen jener Physiker.

Das letzte Glied in (68) hat eine eigenthümliche Bedeutung.
Demselben entspräche nämlich eine Drehung der Polarisationsebene, welche in einem Körper, der von seinem Spiegelbilde
verschieden ist, durch die Bewegung der Erde hervorgerufen
würde [1]).

----

1) Die folgende Betrachtung dürfte wohl geeignet sein, die Existenz der electrischen Kraft $k\,[\mathfrak{M}.\,\mathfrak{p}]$, von der im Texte nur die Möglichkeit dargethan wurde,
auch einigermaassen wahrscheinlich zu machen. Da ein Molecül einer circularpolarisirenden Substanz eine gewissermaassen „schraubenförmige" Structur haben muss, so dürften
die Theilchen, aus denen es besteht, dergestalt mit einander verbunden sein, dass die
Verschiebung eines derselben eine kreisförmige Bewegung eines oder mehrerer anderen hervorruft. Es möge sich z. B. ein positives Ion A der Geraden G entlang bewegen und dadurch das Moment $\mathfrak{M}$ hervorrufen, sodass die Geschwindigkeit proportional $\dot{\mathfrak{M}}$ ist, und es möge diese Bewegung begleitet sein von einem Um-
laufe einiger anderen, ebenfalls positiven Ionen B in einem Kreise, der G zur Axe
hat. Zwischen den Geschwindigkeiten von A und B bestehe hierbei ein constantes
Verhältniss. Die Bewegung der Theilchen B constituirt dann einen kreisförmigen
electrischen Strom, der $\dot{\mathfrak{M}}$ proportional ist, und dieser erzeugt in dem Molecül und
in seiner Nähe eine „locale" magnetische Kraft, welche bei A mit der Linie G,
also auch mit $\dot{\mathfrak{M}}$, zusammenfällt und $\dot{\mathfrak{M}}$ proportional ist. Combinirt man nun,
dem letzten Gliede der Grundgleichung (V) gemäss, diese magnetische Kraft mit der
Geschwindigkeit $\mathfrak{p}$, so erhält man eine electrische Kraft wie $k\,[\dot{\mathfrak{M}}.\,\mathfrak{p}]$.

ABSCHNITT V.

Zurückführung auf ein ruhendes System.

§ 56. Die Bestimmung des Einflusses, den eine Bewegung der ponderablen Körper auf die Lichterscheinungen ausüben kann, gelingt in sehr einfacher Weise, wenn man, wie es in diesem Abschnitte stets geschehen soll, die Circularpolarisation bei Seite lässt.

Wir wollen nämlich, wie wir das schon früher (§ 31) thaten, und unter fortwährender Vernachlässigung von Grössen zweiter Ordnung, an die Stelle von t die „Ortszeit"

$$t' = t - \frac{1}{V^2} \left(\mathfrak{p}_x \, x + \mathfrak{p}_y \, y + \mathfrak{p}_z \, z \right)$$

als unabhängige Variable einführen; ausserdem wollen wir, statt $\mathfrak{D}$, einen neuen Vector $\mathfrak{D}'$ betrachten, den wir durch die Formel

$$4 \, \pi \, V^2 \, \mathfrak{D}' = 4 \, \pi \, V^2 \, \mathfrak{D} + [\mathfrak{p} . \mathfrak{H}] \quad \ldots \ldots \text{(IX)}$$

definiren.

Wird irgend eine Grösse als Function von x, y, z und t' betrachtet, so bezeichnen wir, wie früher (§ 31), die partiellen Differentialquotienten mit

$$\left(\frac{\partial}{\partial x} \right)', \; \left(\frac{\partial}{\partial y} \right)', \; \left(\frac{\partial}{\partial z} \right)', \; \frac{\partial}{\partial t'} \, .$$

Es soll weiter, dieser Schreibweise gemäss, unter

$$Div' \, \mathfrak{A}$$

der Ausdruck

$$\left(\frac{\partial \mathfrak{A}_x}{\partial x}\right)' + \left(\frac{\partial \mathfrak{A}_y}{\partial y}\right)' + \left(\frac{\partial \mathfrak{A}_z}{\partial z}\right)',$$

und unter

$$Rot' \, \mathfrak{A}$$

ein Vector mit den Componenten

$$\left(\frac{\partial \mathfrak{A}_z}{\partial y}\right)' - \left(\frac{\partial \mathfrak{A}_y}{\partial z}\right)' \quad \text{u. s. w.}$$

verstanden werden.

Die Einführung von t' und $\mathfrak{D}'$ gewährt den Vortheil, dass, wie ich jetzt zeigen werde, die Gleichungen $(I_c)-(V_c)$ dieselbe Gestalt annehmen, wie die für $\mathfrak{p} = 0$ geltenden Formeln.

§ 57. Zunächst erhält man, unter Berücksichtigung der Formeln (35),

$$Div\,\mathfrak{D} = Div'\,\mathfrak{D} - \frac{1}{V^2}\left(\mathfrak{p}_x\,\dot{\mathfrak{D}}_x + \mathfrak{p}_y\,\dot{\mathfrak{D}}_y + \mathfrak{p}_z\,\dot{\mathfrak{D}}_z\right),$$

oder nach (III_c), wenn man in den mit $\mathfrak{p}_x$, $\mathfrak{p}_y$, $\mathfrak{p}_z$ multiplicirten Gliedern $\mathfrak{H}'$ durch $\mathfrak{H}$ und Div durch Div' ersetzt,

$$Div\,\mathfrak{D} = Div'\,\mathfrak{D} - \frac{1}{4\,\pi\,V^2}\left\{\mathfrak{p}_x[Rot\,\mathfrak{H}]_x + \mathfrak{p}_y[Rot\,\mathfrak{H}]_y + \mathfrak{p}_z[Rot\,\mathfrak{H}]_z\right\} =$$

$$= Div'\,\mathfrak{D} + \frac{1}{4\,\pi\,V^2}\,Div\,[\mathfrak{p}.\,\mathfrak{H}] = Div'\,\mathfrak{D}'.$$

Die Gleichung (I_c) wird somit

$$Div'\,\mathfrak{D}' = 0. \quad\dots\dots\dots\dots\dots\dots (I_d)$$

In ähnlicher Weise ist

$$Div\,\mathfrak{H} = Div'\,\mathfrak{H} - \frac{1}{V^2}\left(\mathfrak{p}_x\,\dot{\mathfrak{H}}_x + \mathfrak{p}_y\,\dot{\mathfrak{H}}_y + \mathfrak{p}_z\,\dot{\mathfrak{H}}_z\right),$$

d. h., nach (IV_c),

$$Div\,\mathfrak{H} = Div'\,\mathfrak{H} + \frac{1}{V^2}\left\{\mathfrak{p}_x\,[Rot\,\mathfrak{E}]_x + \mathfrak{p}_y\,[Rot\,\mathfrak{E}]_y + \mathfrak{p}_z\,[Rot\,\mathfrak{E}]_z\right\} =$$

$$= Div'\,\mathfrak{H} - \frac{1}{V^2}\,Div\,[\mathfrak{p}.\,\mathfrak{E}] = Div'\,\mathfrak{H}',$$

sodass sich für (II_c) schreiben lässt

$$Div'\,\mathfrak{H}' = 0 \quad\dots\dots\dots\dots\dots (II_d)$$

Wenden wir uns jetzt der Formel (III_c) zu. In diese sind

drei Gleichungen zusammengefasst, und zwar steht in der ersten derselben links der Ausdruck

$$\frac{\partial \mathfrak{H}'_z}{\partial y} - \frac{\partial \mathfrak{H}'_y}{\partial z}.$$

Hierfür lässt sich, mit Rücksicht auf (35), schreiben

$$[Rot' \, \mathfrak{H}']_x - \frac{1}{V^2} \left\{ \mathfrak{p}_y \frac{\partial \mathfrak{H}'_z}{\partial t'} - \mathfrak{p}_z \frac{\partial \mathfrak{H}'_y}{\partial t'} \right\},$$

und also für die Gleichung selbst

$$[Rot' \, \mathfrak{H}']_x = 4 \, \pi \frac{\partial \mathfrak{D}_x}{\partial t'} + \frac{1}{V^2} \frac{\partial}{\partial t'} \left\{ \mathfrak{p}_y \, \mathfrak{H}_z - \mathfrak{p}_z \, \mathfrak{H}_y \right\} = 4 \, \pi \frac{\partial \mathfrak{D}'_x}{\partial t'}.$$

Die beiden anderen Gleichungen lassen eine ähnliche Umformung zu, und es wird demnach

$$Rot' \, \mathfrak{H}' = 4 \, \pi \frac{\partial \mathfrak{D}'}{\partial t'} \quad \ldots \ldots \ldots \ldots \text{(III}_d)$$

Was ferner die erste der Gleichungen (IV$_c$) betrifft, so geht diese, da

$$\frac{\partial \mathfrak{E}_z}{\partial y} - \frac{\partial \mathfrak{E}_y}{\partial z} = [Rot' \, \mathfrak{E}]_x - \frac{1}{V^2} \left\{ \mathfrak{p}_y \frac{\partial \mathfrak{E}_z}{\partial t'} - \mathfrak{p}_z \frac{\partial \mathfrak{E}_y}{\partial t'} \right\}$$

ist, über in

$$[Rot' \, \mathfrak{E}]_x = - \frac{\partial \mathfrak{H}_x}{\partial t'} + \frac{1}{V^2} \frac{\partial}{\partial t'} \left\{ \mathfrak{p}_y \, \mathfrak{E}_z - \mathfrak{p}_z \, \mathfrak{E}_y \right\} = - \frac{\partial \mathfrak{H}'_x}{\partial t'},$$

sodass (IV$_c$) gleichbedeutend ist mit

$$Rot' \, \mathfrak{E} = - \frac{\partial \mathfrak{H}'}{\partial t'} \quad \ldots \ldots \ldots \ldots \text{(IV}_d)$$

Schliesslich folgt aus (V$_c$)

$$\varkappa_1 \, \mathfrak{E}_x = 4 \, \pi \, V^2 \, \mathfrak{D}'_x, \quad \varkappa_2 \, \mathfrak{E}_y = 4 \, \pi \, V^2 \, \mathfrak{D}'_y, \quad \varkappa_3 \, \mathfrak{E}_z = 4 \, \pi \, V^2 \, \mathfrak{D}'_z \,. \quad \text{(V}_d)$$

§ 58. Um auch in die *Grenzbedingungen* die neuen Variablen einzuführen, fassen wir die Normale n für den betrachteten Punkt ins Auge, und ausserdem zwei zu einander und zu n senkrechte Richtungen h und k. Es soll dabei die Richtung n einer Rotation über einen rechten Winkel von h nach k entsprechen. Aus (IX) (§ 56) folgt sodann

$$4 \, \pi \, V^2 \, \mathfrak{D}'_n = 4 \, \pi \, V^2 \, \mathfrak{D}_n + [\mathfrak{p} \cdot \mathfrak{H}]_n = 4 \, \pi \, V^2 \, \mathfrak{D}_n + [\mathfrak{p} \cdot \mathfrak{H}']_n =$$
$$= 4 \, \pi \, V^2 \, \mathfrak{D}_n + \mathfrak{p}_h \, \mathfrak{H}'_k - \mathfrak{p}_k \, \mathfrak{H}'_h.$$

Da nun $\mathfrak{D}_n$, $\mathfrak{H}'_k$ und $\mathfrak{H}'_h$ stetig sind, so muss auch $\mathfrak{D}'_n$ es sein.

In ähnlicher Weise schliessen wir aus der Continuität von $\mathfrak{H}_n$, $\mathfrak{E}_h$ und $\mathfrak{E}_k$, mittelst der aus (VI$_c$) abzuleitenden Beziehung

$$\mathfrak{H}'_n = \mathfrak{H}_n - \frac{1}{V^2}\,[\mathfrak{p}.\,\mathfrak{E}]_n = \mathfrak{H}_n - \frac{1}{V^2}\,[\mathfrak{p}_h\,\mathfrak{E}_k - \mathfrak{p}_k\,\mathfrak{E}_h],$$

auf die Continuität von $\mathfrak{H}'_n$.

Beachtet man auch die übrigen Gleichungen (VIII$_c$), so erhellt, dass sämmtliche Grenzbedingungen enthalten sind in den Formeln

$$\mathfrak{D}'_{n(1)} = \mathfrak{D}'_{n(2)},\quad \mathfrak{E}_{h(1)} = \mathfrak{E}_{h(2)},\quad \mathfrak{H}'_{(1)} = \mathfrak{H}'_{(2)},\; .\;.\; \text{(VIII}_d)$$

worin jetzt h jede beliebige Richtung in der Grenzfläche sein kann.

§ 59. Die Gleichungen (I$_d$)—(V$_d$) und (VIII$_d$) unterscheiden sich von den Gleichungen, welche nach § 52 für ruhende Körper gelten, nur dadurch, dass

$$t',\; \mathfrak{D}' \text{ und } \mathfrak{H}'$$

an die Stelle von

$$t,\; \mathfrak{D} \text{ und } \mathfrak{H}$$

getreten sind.

Diese Uebereinstimmung eröffnet uns einen Weg, Probleme über den Einfluss der Erdbewegung auf die optischen Erscheinungen sehr einfach zu behandeln.

Ist nämlich für ein System ruhender Körper ein Bewegungszustand bekannt, bei dem

$$\mathfrak{D}_x, \mathfrak{D}_y, \mathfrak{D}_z,\; \mathfrak{E}_x, \mathfrak{E}_y, \mathfrak{E}_z,\; \mathfrak{H}_x, \mathfrak{H}_y, \mathfrak{H}_z \;.\;.\;.\;.\;.\;.\; \text{(69)}$$

gewisse Functionen von x, y, z und t sind, so kann in demselben System, falls es sich mit der Geschwindigkeit $\mathfrak{p}$ verschiebt, ein Bewegungszustand bestehen, bei welchem

$$\mathfrak{D}'_x, \mathfrak{D}'_y, \mathfrak{D}'_z,\; \mathfrak{E}_x, \mathfrak{E}_y, \mathfrak{E}_z,\; \mathfrak{H}'_x, \mathfrak{H}'_y, \mathfrak{H}'_z \;.\;.\;.\;.\; \text{(70)}$$

eben dieselben Functionen von x, y, z und t' [d. h. $t - \frac{1}{V^2}\,(\mathfrak{p}_x\,x +$

$+ \mathfrak{p}_y\,y + \mathfrak{p}_z\,z)]$ sind.*

Obgleich wir in den vorstehenden Betrachtungen den Coordinatenaxen die Richtungen der Symmetrieaxen gegeben haben, gilt der gefundene Satz für jedes rechtwinklige Coordinatensystem. Man wird das leicht erkennen, wenn man bedenkt, dass sich für die Ortszeit t' auch schreiben lässt

$$t - \frac{\mathfrak{p}_r\,r}{V^2},$$

wo r die vom Coordinatenursprunge nach dem Punkte (x, y, z) gezogene Linie bedeutet, und dass mithin t' unabhängig von der *Richtung* der Coordinatenaxen ist.

Es mag übrigens daran erinnert werden, dass man bei dem beweglichen System unter x, y, z immer die Coordinaten in Bezug auf Axen, die an der Translation theilnehmen, zu verstehen hat.

Sind die Grössen (70) als Functionen von x, y, z und t', also auch als Functionen von x, y, z und t, bekannt geworden, so lassen sich $\mathfrak{D}_x, \mathfrak{D}_y, \mathfrak{D}_z, \mathfrak{H}_x, \mathfrak{H}_y, \mathfrak{H}_z$ aus den Gleichungen (IX) und (VI$_c$) berechnen.

Verschiedene Anwendungen.

§ 60. Wir wollen die beiden Bewegungszustände — im ruhenden und im bewegten System von Körpern —, von welchen soeben die Rede war, *correspondirende* Zustände nennen. Es sollen dieselben jetzt eingehender mit einander verglichen werden.

a. Sind in dem ruhenden System die Grössen (69) periodische Functionen von t mit der Periode T, so haben in dem anderen System die Grössen (70) dieselbe Periode in Bezug auf t', also auch in Bezug auf t, wenn man x, y, z constant lässt. Bei der Deutung dieses Ergebnisses ist zu beachten, dass im Falle einer Translation *zwei* Perioden unterschieden werden müssen (vergl. § § 37 und 38), die man füglich die *absolute* und die *relative* Periode nennen kann. Mit der absoluten hat man es zu thun, wenn man die zeitlichen Veränderungen in einem Punkte betrachtet, der eine feste Lage gegen den Aether hat, mit der relativen dagegen, wenn man einen Punkt ins Auge fasst, der sich mit der ponderablen Materie verschiebt. Das oben Gefundene lässt sich nun folgendermaassen ausdrücken:

Soll ein Schwingungszustand im bewegten System mit einem Zustande im ruhenden System correspondiren, so muss die relative Schwingungsdauer im erstgenannten Falle der Schwingungszeit im zweitgenannten Falle gleichkommen.

b. Es möge in dem ruhenden System an irgend einer Stelle keine Lichtbewegung stattfinden, d. h. es mögen daselbst $\mathfrak{D}$, $\mathfrak{E}$ und $\mathfrak{H}$ verschwinden. An der entsprechenden Stelle der bewegten Körper ist alsdann $\mathfrak{D}' = 0$, $\mathfrak{E} = 0$, $\mathfrak{H}' = 0$, somit auch $\mathfrak{D} = 0$, $\mathfrak{H} = 0$, *sodass dort die Lichtbewegung gleichfalls fehlt.*

Es folgt hieraus unmittelbar, *dass eine Fläche, die in einem ruhenden Körper die Begrenzung eines von Licht erfüllten Raumes bil-*

det, dieselbe Bedeutung haben kann, wenn sich der Körper verschiebt.

In einem ruhenden, homogenen Medium sind z. B. seitlich durch cylindrische Flächen begrenzte Lichtbündel möglich, vorausgesetzt nur, dass die Dimensionen der Querschnitte viel grösser als die Wellenlänge sind. *Nach unserem Satze können auch in einem bewegten System derartige Bündel bestehen.*

Die beschreibenden Linien der erwähnten cylindrischen Flächen nennen wir *Lichtstrahlen*, und im Falle einer Translation: *relative* Lichtstrahlen. Die Cylinder hat man sich nämlich als mit der ponderablen Materie fest verbunden zu denken; dieselben bilden somit die Bahnen für die Fortpflanzung des Lichtes, relativ zu jener Materie.

c. Es falle in dem ruhenden System ein cylindrisches Lichtbündel auf eine ebene Grenzfläche und werde dabei gespiegelt und gebrochen, — der Allgemeinheit halber wollen wir sagen: doppelt gebrochen. Die neuen Lichtbündel haben ebenfalls eine cylindrische Begrenzung. Wendet man nun das unter *a* und *b* Gesagte auf den correspondirenden Fall für das bewegte System an, so gelangt man zu dem Satze:

In dem bewegten System werden relative Lichtstrahlen von der relativen Schwingungsdauer T nach denselben Gesetzen gespiegelt und gebrochen, wie Strahlen von der Schwingungsdauer T im ruhenden System.

d. Es werde im ruhenden System ein beliebig gestalteter, durchsichtiger Körper von einem cylindrischen Lichtbündel getroffen, und es entstehe dadurch irgend eine Interferenz- oder Diffractionserscheinung. *Treten hierbei dunkle Streifen auf, so müssen sich diese bei dem correspondirenden Zustande des bewegten Systems an genau denselben Stellen zeigen.*

Ein extremer Fall einer Diffractionserscheinung ist die Vereinigung alles Lichtes in einem Brennpunkt. *Nach obigem wird durch die Translation nichts geändert an den Gesetzen, nach welchen ein Lichtbündel von bestimmter cylindrischer Begrenzung durch ein Fernrohrobjectiv concentrirt wird.*

e. Während bei correspondirenden Zuständen die *seitliche Begrenzung* der Lichtbündel dieselbe ist, haben die *Wellennormalen* verschiedene Richtungen. Gesetzt z. B., dass sich in dem ruhenden System ebene Wellen, deren Normale die Richtung (b_x, b_y, b_z) hat, mit der Geschwindigkeit W fortpflanzen, und dass also hier die Abweichung vom Gleichgewichte eine Function von

$$t - \frac{b_x\,x + b_y\,y + b_z\,z}{W}$$

ist, treten für das bewegte System ähnliche Functionen von

$$t' - \frac{b_x\,x + b_y\,y + b_z\,z}{W} = t - \left\{ \left(\frac{b_x}{W} + \frac{\mathfrak{p}_x}{V^2} \right) x + \left(\frac{b_y}{W} + \frac{\mathfrak{p}_y}{V^2} \right) y + \right.$$
$$\left. + \left(\frac{b_z}{W} + \frac{\mathfrak{p}_z}{V^2} \right) z \right\}$$

auf. Die Richtungsconstanten b'_x, b'_y, b'_z der Wellennormale werden also für dieses System bestimmt durch die Bedingung

$$b'_x : b'_y : b'_z = \left(b_x + \frac{W\,\mathfrak{p}_x}{V^2} \right) : \left(b_y + \frac{W\,\mathfrak{p}_y}{V^2} \right) : \left(b_z + \frac{W\,\mathfrak{p}_z}{V^2} \right),$$

oder, falls es sich um eine Fortpflanzung im reinen Aether handelt, durch

$$b'_x : b'_y : b'_z = \left(b_x + \frac{\mathfrak{p}_x}{V} \right) : \left(b_y + \frac{\mathfrak{p}_y}{V} \right) : \left(b_z + \frac{\mathfrak{p}_z}{V} \right).$$

Aus dieser Gleichung ergibt sich umgekehrt

$$b_x : b_y : b_z = \left(b'_x - \frac{\mathfrak{p}_x}{V} \right) : \left(b'_y - \frac{\mathfrak{p}_y}{V} \right) : \left(b'_z - \frac{\mathfrak{p}_z}{V} \right) . \quad (71)$$

Die Aberration des Lichtes.

§ 61. Es seien b'_x, b'_y, b'_z die Richtungsconstanten der von einem ruhenden Himmelskörper nach der Erde gezogenen Linie, also auch die Richtungsconstanten der Normale zu den in der Nähe der Erde anlangenden ebenen Wellen. Wenn wir dann, um den weiteren Verlauf der Fortpflanzung zu untersuchen, die Lichtbewegung auf ein Coordinatensystem beziehen, das an der Bewegung der Erde theilnimmt, so bleiben natürlich die Richtungsconstanten der Wellennormale b'_x, b'_y, b'_z, während als relative Schwingungsdauer T' (§ 37) die nach dem DOPPLER'-schen Gesetze modificirte ins Spiel kommt. Wie wir sahen, wird nun die Bewegung, was die seitliche Begrenzung eines durch ein Diaphragma ausgeschnittenen Lichtbündels, die Concentration durch Linsen, und den Durchgang durch sonstige durchsichtige Körper betrifft, correspondiren mit einer Bewegung in einem ruhenden System, bei der die Schwingungszeit

T' ist, und die Normale zu den einfallenden Wellen die durch (71) bestimmten Richtungsconstanten b_x, b_y, b_z hat.

Alle Erscheinungen gehen mithin gerade so vor sich, als ob die Erde ruhte, die Schwingungsdauer T' wäre, und der Himmelskörper, von der Erde aus gesehen, sich nicht in der Richtung $(-b'_x, -b'_y, -b'_z)$, sondern in der Richtung $(-b_x, -b_y, -b_z)$ befände.

In diesem letzteren besteht nun eben die *Aberration*. Dass die Grösse und Richtung, welche wir für dieselbe finden, auch wirklich der bekannten, mit den Beobachtungen übereinstimmenden Regel entsprechen, ergibt sich sofort aus der Gleichung (71). Man erhält nämlich einen Vector von der Richtung (b_x, b_y, b_z), wenn man einen Vector von der Richtung (b'_x, b'_y, b'_z), dessen Länge die Geschwindigkeit des Lichtes darstellt, mit einem zweiten zusammensetzt, welcher der Erdgeschwindigkeit $\mathfrak{p}$ gleich und entgegengesetzt ist.

Uebrigens liegt in unserem Satze auch die Erklärung dafür, dass sich bei der Beobachtung mit Linsensystemen immer die durch die soeben erwähnte Regel bestimmte Aberration herausstellt [1]), ebenso die Erklärung für den bekannten ARAGO'schen Versuch [2]) mit einem Prisma, und für das von BOSCOVICH vorgeschlagene und von AIRY [3]) ausgeführte Experiment, bei welchem der Tubus eines Fernrohrs mit Wasser gefüllt war.

Beobachtungen mit Sonnenlicht.

§ 62. Die Bahn der Erde weicht so wenig von einem Kreise

1) Dass dies auch bei der Beobachtung mit einem Spiegeltelescop der Fall ist, würde ebenfalls ohne weiteres aus unserem Satze folgen, *wenn der Spiegel aus einem durchsichtigen Material bestände.* Was aber die wirklichen, aus *Metall* verfertigten Spiegel betrifft, so kann man bemerken, dass die *Richtung*, in welcher Lichtstrahlen reflectirt werden, und die *Lage des Vereinigungspunktes* nur von der Krümmung, nicht aber von der stofflichen Natur des Spiegels abhängen können. Zur Bestimmung dieser Lage lässt sich auch, wie es von verschiedenen Physikern geschehen ist, das HUYGENS'sche Princip anwenden. (vgl. meine Abhandlung in den Arch. néerl., T. 21).

2) ARAGO. Œuvres complètes, T. 1, p. 107; BIOT. Traité élémentaire d'astronomie physique, 3e éd., T. 5, p. 364.

3) AIRY. Proc. Royal Society of London, Vol. 20, p. 35, 1871; Vol. 21, p. 121, 1873; Phil. Mag., 4th Ser., Vol. 43, p. 310, 1872.

ab, dass man, wenn es sich um Sonnenstrahlen handelt, die Geschwindigkeitscomponente p_r, von welcher die Aenderung der Schwingungszeit abhängt (§ 37), vernachlässigen darf. Versuche mit diesen Strahlen müssen demnach so ausfallen, als ob die Erde ruhte, die Sonne sich in der durch die Aberration veränderten Richtung befände *und dabei Lichtarten von derselben Schwingungsdauer aussendete, wie in Wirklichkeit* [1]).

Hieraus folgt unmittelbar, dass man in der für eine bestimmte FRAUNHOFER'sche Linie gemessenen Ablenkung bei der Brechung in einem Prisma, oder der Diffraction durch ein Gitter, *keinen Einfluss der Erdbewegung* verspüren wird, dass es also keinen Unterschied machen kann, ob die Richtung des auf das Prisma oder das Gitter fallenden Lichtes diesen oder jenen Winkel mit der Translation der Erde bildet. Was die Gitterspectra betrifft, so wurde dieses Resultat durch die sorgfältigen Versuche des Hrn. MASCART [2]) bestätigt. Dieser Physiker hat überdies durch besondere Experimente [3]) nachgewiesen, dass bei den genannten Spectra die Ablenkung für eine bestimmte FRAUNHOFER'sche Linie vollkommen übereinstimmt mit der Ablenkung für die entsprechenden Strahlen einer terrestrischen Lichtquelle [4]).

Bewegte Lichtquellen.

§ 63. Oben, im § 61, wurde der Himmelskörper als ruhend vorausgesetzt. Indessen gelangt man auch für einen sich bewegenden Körper zu einem einfachen Resultat. Wir wissen bereits (§ 36), dass die Normale zu den die Erde erreichenden Wellen auf den Ort P hinweist, wo sich die Lichtquelle be-

---

1) Wir sehen hier ab von der Rotation der Sonne und den Bewegungen an ihrer Oberfläche, welche bekanntlich eine dem DOPPLER'schen Gesetze entsprechende Verschiebung der Spectrallinien verursachen. Bei den gleich zu erwähnenden Versuchen wurde mit dem Lichte der *ganzen Sonnenscheibe* gearbeitet.

2) MASCART. Ann. de l'école normale, 2e sér., T. 1, pp. 166—170, und p. 190, 1872.

3) MASCART. L. c., pp. 170 und 189.

4) Bei den Versuchen mit Sonnenlicht kamen natürlich metallene Spiegel in Anwendung. Man sieht aber leicht ein, dass dies nichts an unseren Betrachtungen ändert (vgl. die Anm. 1 zu p. 89).

fand in dem Augenblicke, da sie das Licht aussandte. Die Bewegung der Erde bewirkt nun, dass man den Stern nicht an dieser Stelle P, sondern in einer anderen Lage P' beobachtet, und zwar lässt sich die Verschiebung von P nach P' aus der gewöhnlichen Regel für die Aberration herleiten. Nach den Betrachtungen des § 61 liegt der Beweis auf der Hand.

Schliesslich zeigt eine einfache Figur, *dass P' mit dem wahren Orte zur Beobachtungszeit zusammenfällt, sobald die Geschwindigkeit der Lichtquelle in Grösse und Richtung mit jener der Erde übereinstimmt.*

Versuche mit irdischen Lichtquellen.

§ 64. Aus dem zuletzt gewonnenen Resultate folgt unmittelbar, dass man einen entfernten terrestrischen Gegenstand immer in der Richtung sehen wird, wo er sich wirklich befindet. Wir sahen auch schon, dass bei einer mit der Erde verbundenen Lichtquelle kein Unterschied zwischen der wahren und der beobachteten Schwingungszeit besteht.

Ueberhaupt wird nach unserer Theorie die Bewegung der Erde nie einen Einfluss erster Ordnung auf Versuche mit terrestrischen Lichtquellen haben.

Um diesen Satz zu begründen, wollen wir zunächst, unter Anwendung des Superpositionsprincips (§ 7), aus den Formeln des § 33 andere ableiten, welche für ein beliebiges System leuchtender Molecüle gelten. Wir nehmen dabei an, dass diese die gemeinschaftliche Translation $\mathfrak{p}$ haben, und wählen die durch (34) bestimmte Ortszeit t' und die relativen Coordinaten (§ 19) als unabhängige Variablen.

Es seien

$$(\xi_1, \eta_1, \zeta_1), \ (\xi_2, \eta_2, \zeta_2), \ \text{u. s. w.}$$

die Orte der Molecüle, und

$$\left. \begin{array}{l} \mathfrak{m}_{x(1)} = f_1(t'), \ \mathfrak{m}_{y(1)} = g_1(t'), \ \mathfrak{m}_{z(1)} = h_1(t'), \\ \mathfrak{m}_{x(2)} = f_2(t'), \ \mathfrak{m}_{y(2)} = g_2(t'), \ \mathfrak{m}_{z(2)} = h_2(t'), \\ \text{u. s. w.,} \end{array} \right\} \ \ldots (72)$$

oder

$$\mathfrak{m}_{x(1)} = f_1\left(t - \frac{\mathfrak{p}_x}{V^2}\xi_1 - \frac{\mathfrak{p}_y}{V^2}\eta_1 - \frac{\mathfrak{p}_z}{V^2}\zeta_1\right), \text{ u. s. w.,}$$

$$\mathfrak{m}_{x(2)} = f_2\left(t - \frac{\mathfrak{p}_x}{V^2}\xi_2 - \frac{\mathfrak{p}_y}{V^2}\eta_2 - \frac{\mathfrak{p}_z}{V^2}\zeta_2\right), \text{ u. s. w.,}$$

$$\left. \begin{array}{} \\ \\ \end{array} \right\} \ldots (73)$$

$$\text{u. s. w.}$$

die in denselben bestehenden electrischen Momente.

Der Zustand, den ein einzelnes Molecül in dem Punkte (x, y, z) des Aethers hervorruft, wird bestimmt durch die Gleichungen (39) und (40). Die letztere wollen wir, um später den Satz des § 59 bequemer anwenden zu können, noch dadurch umformen, dass wir auch für den Aether die Bezeichnungen $\mathfrak{D}$ und $\mathfrak{D}'$ einführen. Für dieses Medium ist, wie wir wissen, $\mathfrak{D}$ gleichbedeutend mit $\mathfrak{d}$, und also, nach (IX) (§ 56), $4\pi V^2 \mathfrak{D}'$ gleichbedeutend mit

$$4\pi V^2 \mathfrak{d} + [\mathfrak{p}. \mathfrak{H}].$$

Vermöge der Gleichung (V_b) dürfen wir also in (40) $\mathfrak{F}$ durch $4\pi V^2 \mathfrak{D}'$ ersetzen.

Bezeichnen wir nun weiter durch Σ eine Summe von Gliedern, deren jedes von einem der leuchtenden Molecüle herrührt, so erhalten wir aus (39) und (40) folgende Formeln für den durch die Ionenschwingungen (72) in dem Aether hervorgerufenen Zustand:

$$\mathfrak{H}'_x = \frac{\partial}{\partial t'}\left(\frac{\partial}{\partial y}\right)'\left\{\Sigma\left(\frac{\mathfrak{m}_z}{r}\right)\right\} - \frac{\partial}{\partial t'}\left(\frac{\partial}{\partial z}\right)'\left\{\Sigma\left(\frac{\mathfrak{m}_y}{r}\right)\right\}, \text{ u. s. w.,}$$

$$4\pi \mathfrak{D}'_x = \left(\frac{\partial S}{\partial x}\right)' - \Delta'\left\{\Sigma\left(\frac{\mathfrak{m}_x}{r}\right)\right\}, \text{ u. s. w.,} \qquad (74)$$

$$S = \left(\frac{\partial}{\partial x}\right)'\left\{\Sigma\left(\frac{\mathfrak{m}_x}{r}\right)\right\} + \left(\frac{\partial}{\partial y}\right)'\left\{\Sigma\left(\frac{\mathfrak{m}_y}{r}\right)\right\} + \left(\frac{\partial}{\partial z}\right)'\left\{\Sigma\left(\frac{\mathfrak{m}_z}{r}\right)\right\}.$$

Hierin bedeutet r die Entfernung des Punktes (x, y, z) von dem Orte (ξ, η, ζ) eines der leuchtenden Molecüle, während $\mathfrak{m}_x, \mathfrak{m}_y, \mathfrak{m}_z$ die Momente dieses Molecüls zur Ortszeit $t' - \frac{r}{V}$ darstellen. Die beiden ersten Glieder der Summe

$$\Sigma\left(\frac{\mathfrak{m}_x}{r}\right)$$

sind z. B.

$$\frac{1}{r_1} f_1\left(t' - \frac{r_1}{V}\right) \text{ und } \frac{1}{r_2} f_2\left(t' - \frac{r_2}{V}\right),$$

wenn r_1 und r_2 die Abstände zwischen (x, y, z) und den beiden ersten Molecülen sind.

§ 65. Aus den vorstehenden Formeln ergeben sich sofort andere, welche für eine *ruhende* Lichtquelle gelten, wenn man einfach alle Accente streicht. Bestehen in diesem Fall in den leuchtenden Molecülen die Momente

$$\left. \begin{aligned} \mathfrak{m}_{x(1)} &= f_1(t), \ \mathfrak{m}_{y(1)} = g_1(t), \ \mathfrak{m}_{z(1)} = h_1(t), \\ \mathfrak{m}_{x(2)} &= f_2(t), \ \mathfrak{m}_{y(2)} = g_2(t), \ \mathfrak{m}_{z(2)} = h_2(t), \\ &\quad \text{u. s. w.,} \end{aligned} \right\} \ \dots \ (75)$$

so hat man in dem Aether

$$\left. \begin{aligned} \mathfrak{H}_x &= \frac{\partial}{\partial t} \frac{\partial}{\partial y} \left\{ \Sigma\left(\frac{\mathfrak{m}_z}{r}\right) \right\} - \frac{\partial}{\partial t} \frac{\partial}{\partial z} \left\{ \Sigma\left(\frac{\mathfrak{m}_y}{r}\right) \right\}, \text{u. s. w.,} \\ 4\pi\mathfrak{D}_x &= \frac{\partial S}{\partial x} - \Delta \left\{ \Sigma\left(\frac{\mathfrak{m}_x}{r}\right) \right\}, \text{u. s. w.,} \\ S &= \frac{\partial}{\partial x} \left\{ \Sigma\left(\frac{\mathfrak{m}_x}{r}\right) \right\} + \frac{\partial}{\partial y} \left\{ \Sigma\left(\frac{\mathfrak{m}_y}{r}\right) \right\} + \frac{\partial}{\partial z} \left\{ \Sigma\left(\frac{\mathfrak{m}_z}{r}\right) \right\}, \end{aligned} \right\} (76)$$

worin jetzt $\mathfrak{m}_x$, $\mathfrak{m}_y$, $\mathfrak{m}_z$ die Momente eines Molecüls zur Zeit $t - \dfrac{r}{V}$ bedeuten, sodass z.B. die zwei ersten Glieder der Summe

$$\Sigma\left(\frac{\mathfrak{m}_x}{r}\right)$$

die Werthe

$$\frac{1}{r_1} f_1\left(t - \frac{r_1}{V}\right) \text{ und } \frac{1}{r_2} f_2\left(t - \frac{r_2}{V}\right)$$

haben.

Natürlich sind jetzt ξ, η, ζ, x, y, z die auf *ruhende* Axen bezogenen Coordinaten.

§ 66. Es sollen die beiden in den §§ 64 und 65 betrachteten Fälle (*mit* und *ohne* Translation) mit einander verglichen werden. Dabei denken wir uns, dass in den beiden Fällen die räumliche Anordnung der leuchtenden Molecüle dieselbe sei, dass also alle ξ, η, ζ dieselben Werthe haben; wir nehmen dieses letztere auch für x, y, z an, was darauf hinauskommt, dass wir den Zustand des Aethers in einem Punkte betrachten, der eine bestimmte Lage in Bezug auf die Lichtquelle hat. Endlich verstehen wir unter f_1, g_1, h_1, f_2, u. s. w. in beiden Fällen dieselben Functionszeichen.

Ein Blick auf die Formeln (74) und (76) lässt nun erkennen, dass wir es hier mit *correspondirenden* Zuständen zu thun haben, auf welche der Satz des § 59 anwendbar ist. Fällt also das Licht auf einen undurchsichtigen Schirm mit einer Oeffnung, so wird die Abgrenzung von Licht und Schatten, oder die Lage dunkler Diffractionsstreifen hinter demselben, in beiden Fällen dieselbe sein. Ebenso wenig wird sich ein Unterschied in der räumlichen Vertheilung von Licht und Dunkel zeigen, wenn die Strahlen an einem beliebigen durchsichtigen Körper gespiegelt oder gebrochen werden, eine Linse dieselben concentrirt, oder irgend eine Interferenzerscheinung auftritt. Kurz, alle optischen Versuche werden in beiden Fällen zu genau demselben Ergebniss führen.

Freilich sind die in der Lichtquelle selbst vorhandenen Bewegungen, die diese correspondirenden Zustände hervorbringen, nicht ganz dieselben. In dem einen Falle werden sie durch (73), und in dem anderen Falle durch (75) bestimmt. Setzt man

$$f_1\left(t - \frac{\mathfrak{p}_x}{V^2}\xi_1 - \frac{\mathfrak{p}_y}{V^2}\eta_1 - \frac{\mathfrak{p}_z}{V^2}\zeta_1\right) = f_1'(t), \text{ u. s. w.,}$$

so darf man also auch sagen:

Eine sich verschiebende Lichtquelle, in welcher die durch

$$\mathfrak{m}_{x(1)} = f_1'(t), \ \mathfrak{m}_{y(1)} = g_1'(t), \ \mathfrak{m}_{z(1)} = h_1'(t), \left.\begin{array}{c} \\ \end{array}\right\} \ . \ . \ (77)$$
$$\text{u. s. w.}$$

dargestellten Ionenbewegungen stattfinden, bringt dieselben Erscheinungen hervor, wie eine ruhende Lichtquelle, für welche die Formeln

$$\begin{array}{l} \mathfrak{m}_{x(1)} = f_1'\left(t + \dfrac{\mathfrak{p}_x}{V^2}\xi_1 + \dfrac{\mathfrak{p}_y}{V^2}\eta_1 + \dfrac{\mathfrak{p}_z}{V^2}\zeta_1\right), \\[2mm] \mathfrak{m}_{y(1)} = g_1'\left(t + \dfrac{\mathfrak{p}_x}{V^2}\xi_1 + \dfrac{\mathfrak{p}_y}{V^2}\eta_1 + \dfrac{\mathfrak{p}_z}{V^2}\zeta_1\right), \\[2mm] \text{u. s. w.} \end{array} \left.\begin{array}{c} \\ \\ \\ \\ \end{array}\right\} \ . \ . \ . \ (78)$$

gelten.

Handelt es sich um Schwingungen, so reducirt sich der

Unterschied zwischen (77) und (78) auf eine *Veränderung der Phasen*, und zwar wird diese für ein beliebiges Molecül durch

$$\frac{p_x}{V^2}\,\xi + \frac{p_y}{V^2}\,\eta + \frac{p_z}{V^2}\,\zeta$$

bestimmt, ist demnach *für die verschiedenen Molecüle nicht gleich.*

Es ist nun zu beachten, dass die Molecüle einer Lichtquelle, z. B. einer Flamme, als gänzlich unabhängig von einander betrachtet werden müssen, sodass, wie man es gewöhnlich ausdrückt, die von zweien dieser Theilchen ausgesandten Strahlen nicht mit einander interferiren können. Daraus folgt, dass beliebige Aenderungen in den Phasen der einzelnen Molecüle keinen Einfluss auf die wahrnehmbaren Erscheinungen haben können. Die ruhende Lichtquelle mit den Bewegungen (78) wird nichts anderes ergeben als eine ebenfalls ruhende Quelle mit den Bewegungen (77), und so dürfen wir behaupten:

Ertheilt man einer Lichtquelle eine Translation, ohne etwas an den Schwingungen ihrer Ionen zu ändern, so bleiben die wahrnehmbaren Erscheinungen in fest mit derselben verbundenen Körpern so, wie sie waren.

§ 67. Zahlreiche Versuche haben bewiesen, dass bei Benutzung irdischer Lichtquellen die Erscheinungen in der That unabhängig von der Orientirung der Apparate in Bezug auf die Bewegungsrichtung der Erde sind. Es gehören hierher die Beobachtungen von RESPIGHI [1]), HOEK [2]), KETTELER [3]) und MASCART [4]) über die Brechung, ebenso die Experimente der drei zuletzt genannten Physiker über Interferenzerscheinungen [5]). Hrn. KETTELER verdankt man auch eine Untersuchung über die innere Reflexion und die Refraction bei Kalkspathprismen [6]), und

---

1) RESPIGHI. Memor. di Bologna (2), II, p. 279. (Citirt in KETTELER. Astronomische Undulationstheorie, p. 66).

2) HOEK. Astr. Nachr., Bd. 73, p. 193.

3) KETTELER. Astr. Und.-Theorie, p. 66, 1873; Pogg. Ann., Bd. 144, p. 370, 1872.

4) MASCART. Ann. de l'école normale, 2e sér., T. 3, p. 376, 1874.

5) HOEK. Arch. néerl., T. 3, p. 180, 1868. KETTELER. Astr. Und. Theorie, p. 67; Pogg. Ann., Bd. 144, p. 372. MASCART. L. c., pp. 390—416.

6) KETTELER. Astr. Und.-Theorie, pp. 158 und 166; Pogg. Ann., Bd. 147, pp. 410 und 419, 1872.

Hrn. Mascart eine Arbeit [1]) über die Interferenzstreifen, die sich bei Kalkspathplatten im polarisirten Lichte zeigen.

Die Mitführung der Lichtwellen durch die ponderable Materie.

§ 68. In einem ruhenden, isotropen oder anisotropen Körper pflanze sich ein Bündel ebener Wellen fort, bei welchem sich die Componenten von $\mathfrak{D}$ und $\mathfrak{H}$ durch Ausdrücke von der Form

$$A \cos \frac{2\pi}{T}\left(t - \frac{b_x x + b_y y + b_z z}{W} + B\right) \ \ldots \ (79)$$

darstellen lassen; es ist alsdann W die Fortpflanzungsgeschwindigkeit. Diese Grösse kann von b_x, b_y, b_z und T abhängen. Nachdem man dem Körper eine Geschwindigkeit $\mathfrak{p}$ ertheilt hat, kann, wie wir sahen (§ 59), in demselben ein Bewegungszustand bestehen, für welchen Ausdrücke wie

$$A \cos \frac{2\pi}{T}\left(t' - \frac{b_x x + b_y y + b_z z}{W} + B\right),$$

oder

$$A \cos \frac{2\pi}{T}\left\{t - \frac{\mathfrak{p}_x x + \mathfrak{p}_y y + \mathfrak{p}_z z}{V^2} - \frac{b_x x + b_y y + b_z z}{W} + B\right\} \quad (80)$$

gelten. Die Richtungsconstanten b'_x, b'_y, b'_z der Wellennormale sind jetzt den Grössen

$$\frac{b_x}{W} + \frac{\mathfrak{p}_x}{V^2}, \quad \frac{b_y}{W} + \frac{\mathfrak{p}_y}{V^2}, \quad \frac{b_z}{W} + \frac{\mathfrak{p}_z}{V^2}$$

proportional. Setzen wir demgemäss

$$\frac{b_x}{W} + \frac{\mathfrak{p}_x}{V^2} = \frac{b'_x}{W'}, \quad \frac{b_y}{W} + \frac{\mathfrak{p}_y}{V^2} = \frac{b'_y}{W'}, \quad \frac{b_z}{W} + \frac{\mathfrak{p}_z}{V^2} = \frac{b'_z}{W'}, \quad . \ (81)$$

so wird (80)

$$A \cos \frac{2\pi}{T}\left(t - \frac{b'_x x + b'_y y + b'_z z}{W'} + B\right),$$

woraus man ersieht, dass W' die Geschwindigkeit ist, mit der sich Wellen von der *relativen* Schwingungsdauer T nach der

---

1) Mascart. Ann. de l'école normale, 2ᵉ sér., T. 1, pp. 191—196, 1872.

Richtung $(b'_x,\ b'_y,\ b'_z)$ in dem bewegten Körper fortpflanzen. Aus (81) findet man

$$\frac{1}{W'^2} = \frac{1}{W^2} + 2\,\frac{b_x\,\mathfrak{p}_x + b_y\,\mathfrak{p}_y + b_z\,\mathfrak{p}_z}{W\,V^2},$$

und hierfür lässt sich auch, unter Vernachlässigung von Grössen zweiter Ordnung, schreiben

$$\frac{1}{W'^2} = \frac{1}{W^2} + 2\,\frac{b'_x\,\mathfrak{p}_x + b'_y\,\mathfrak{p}_y + b'_z\,\mathfrak{p}_z}{W\,V^2} = \frac{1}{W^2} + 2\,\frac{\mathfrak{p}_n}{W\,V^2}.$$

Es ist hier $\mathfrak{p}_n$ die Componente der Geschwindigkeit nach der Richtung der Wellennormale, auf welche sich W' bezieht. Schliesslich wird

$$W' = W - \mathfrak{p}_n\,\frac{W^2}{V^2} \cdot\ \cdot\ \cdot\ \cdot\ \cdot\ \cdot\ \cdot\ \cdot\ \cdot\ (82)$$

§ 69. So lange war die Untersuchung allgemein. Es soll jetzt angenommen werden, der Körper sei isotrop. Die Geschwindigkeit W ist dann unabhängig von der Richtung der Wellen, und auch das Verhältniss

$$\frac{V}{W} = N,$$

der absolute Brechungsindex des ruhenden Körpers, hängt nur noch von T ab.

Bei der Deutung der Formel (82), die jetzt übergeht in

$$W' = W - \frac{\mathfrak{p}_n}{N^2}, \cdot\ \cdot\ \cdot\ \cdot\ \cdot\ \cdot\ \cdot\ \cdot\ \cdot\ (83)$$

ist daran zu erinnern, dass wir der Beschreibung der Erscheinungen fortwährend ein Coordinatensystem zu Grunde gelegt haben, das sich mit der ponderablen Materie verschiebt. Es ist also (83) die Geschwindigkeit der Lichtwellen, *relativ zu dieser Materie*. Wünscht man die relative Geschwindigkeit W'' *in Beziehung auf den Aether* zu kennen, so hat man die Geschwindigkeit (83), welche die Richtung der Wellennormale hat, zusammenzusetzen mit der in eben diese Richtung fallenden Componente $\mathfrak{p}_n$ der Translationsgeschwindigkeit. Man erhält hierdurch

$$W'' = W + \left(1 - \frac{1}{N^2}\right)\mathfrak{p}_n, \cdot\ \cdot\ \cdot\ \cdot\ \cdot\ \cdot\ \cdot\ (84)$$

was mit der bekannten Annahme FRESNEL's übereinstimmt.

7

Es möge zu diesem Resultate noch zweierlei bemerkt werden. *Erstens* gilt die gegebene Ableitung für jeden Werth von T, also *für jede Lichtart*, und *zweitens* ist das so zu verstehen, dass die Substitution der Werthe von N und W, welche in dem ruhenden Körper zu einem bestimmten T gehören, den Werth von W'' für die *relative* Schwingungsdauer T liefert [1]).

§ 70. Ist der betrachtete Körper doppelbrechend, so darf nicht vergessen werden, dass sich W und W' in der Gleichung (82) auf *verschiedene* Richtungen der Wellennormale beziehen, nämlich W auf die Richtung (b_x, b_y, b_z), und W' auf die Richtung (b'_x, b'_y, b'_z). Ueber die Frage, wie sich *für eine gegebene Richtung der Wellen* die Geschwindigkeiten im ruhenden und im bewegten Körper von einander unterscheiden, gibt die Gleichung nicht unmittelbar Aufschluss. Zu einem einfachen Satze führt indessen die Einführung der *Lichtstrahlen*.

In einem ruhenden doppelbrechenden Körper gehört zu jeder Richtung der Wellennormale (sobald man eine der beiden möglichen Schwingungsrichtungen gewählt hat) eine bestimmte Richtung für die Lichtstrahlen, d. h. für die beschreibenden Linien einer cylindrischen Grenzfläche eines Lichtbündels. Für die Punkte einer solchen Linie ist nun, wenn c_x, c_y, c_z die Richtungsconstanten sind, und s die Entfernung von einem festen Punkte (x_0, y_0, z_0) der Linie bedeutet,

$$x = x_0 + c_x s, \quad y = y_0 + c_y s, \quad z = z_0 + c_z s. \ \ldots (85)$$

Dadurch verwandelt sich, wenn man

$$\frac{W}{b_x c_x + b_y c_y + b_z c_z} = U$$

setzt und unter B' eine neue Constante versteht, der Ausdruck (79) in

$$A \cos \frac{2\pi}{T} \left(t - \frac{s}{U} + B' \right).$$

---

1) Eine Ableitung der Gleichung (84) aus der electromagnetischen Lichttheorie wurde auch von Hrn. R. Reiff publicirt (Wied. Ann., Bd. 50, p. 361, 1893). Schon lange vor mir hat sich auch Hr. J. J. Thomson mit dem Gegenstande beschäftigt (Phil. Mag., 5th. Ser., Vol. 9, p. 284, 1880; Recent Researches in Electricity and Magnetism, p. 543), ohne jedoch zu dem Fresnel'schen Coefficienten zu gelangen.

Die Grösse U ist das, was man gewöhnlich die *Geschwindigkeit des Lichtstrahls* nennt.

Geht man jetzt zu der correspondirenden Bewegung in dem fortschreitenden Körper über, so *bleibt* (§ 60, *b*) die betrachtete Linie ein Lichtstrahl, und man erhält zur Bestimmung der Abweichungen vom Gleichgewichte in den verschiedenen Punkten desselben Ausdrücke wie

$$A \cos \frac{2\pi}{T} \left(t' - \frac{s}{U} + B' \right),$$

oder, nach (34) und (85),

$$A \cos \frac{2\pi}{T} \left(t - \frac{\mathfrak{p}_s\, s}{V^2} - \frac{s}{U} + B'' \right), \quad \ldots \ldots (86)$$

worin $\mathfrak{p}_s$ die Componente von $\mathfrak{p}$ in der Richtung des Lichtstrahles ist, während die neue Constante B'' den Werth

$$B' - \frac{\mathfrak{p}_x\, x_0 + \mathfrak{p}_y\, y_0 + \mathfrak{p}_z\, z_0}{V^2}$$

hat.

Der Ausdruck (86) geht über in

$$A \cos \frac{2\pi}{T} \left(t - \frac{s}{U'} + B'' \right),$$

und es ist mithin U' *die Geschwindigkeit des Lichtstrahls in dem bewegten Körper*, wenn man

$$\frac{1}{U'} = \frac{1}{U} + \frac{\mathfrak{p}_s}{V^2}$$

setzt.

Hieraus folgern wir

$$U' = U - \mathfrak{p}_s\, \frac{U^2}{V^2}, \quad \ldots \ldots \ldots (87)$$

eine der Gestalt nach mit (82) übereinstimmende Formel, in der sich jetzt U und U' auf *Lichtstrahlen von derselben Richtung* beziehen.

§ 71. Die Formel (84) hat eine schöne Bestätigung gefunden durch die zuerst von Hrn. Fizeau ausgeführten und später von den Herren MICHELSON und MORLEY [1]) wiederholten Versuche über die Fortpflanzung des Lichtes in strömendem Wasser. Die Anordnung derselben dürfte wohl zur Genüge bekannt sein, sodass wir uns darauf beschränken können, die Ergebnisse noch etwas eingehender, als es gewöhnlich geschieht, mit der Theorie zu vergleichen.

Um die Formel (82) anzuwenden, hat man zunächst aus den Versuchsbedingungen die relative Periode abzuleiten, und sodann aus der Dispersionsformel für ruhendes Wasser den dieser Periode entsprechenden Brechungsexponenten N. Der auf diese Weise berechnete Werth von V/N ist dann schliesslich in (82) für W zu substituiren. Was nun aber jene relative Periode betrifft, so ist eine nähere Betrachtung erforderlich.

Bekanntlich kamen bei den Experimenten zwei neben einander liegende, mit Glasplatten verschlossene Röhren in Anwendung, durch welche das Wasser mit derselben Geschwindigkeit, aber in entgegengesetzter Richtung floss; da die zur Ein- und Ausführung des Stromes dienenden Ansatzröhren sich ganz nahe an den Enden befanden, so darf man annehmen, dass an allen Stellen, wenigstens in dem mittleren Theile des Querschnitts, dieselbe Geschwindigkeit $\mathfrak{p}$ bestanden habe [2]). Die beiden Lichtbündel, die mit einander interferiren sollten, durchliefen den Apparat nun so, dass sich das eine in den *beiden* Röhren in der Richtung des Wasserstromes, und das andere stets in entgegengesetzter Richtung fortpflanzte.

Wir fassen jetzt einen festen Punkt P im Innern einer der Röhren ins Auge. Die Bedingungen, unter denen sich das Licht von der Quelle zu diesem Punkte fortpflanzt, bleiben offenbar — wenn der Wasserstrom stationär ist — fortwährend dieselben, und zwar gilt das für die *beiden* Wege, auf welchen die Strahlen den Punkt P erreichen können. Impulse, die mit gewissen Zwischenzeiten von der Quelle ausgehen, werden mit denselben Zwischenzeiten in P anlangen, und wenn T die

1) MICHELSON and MORLEY. American Journal of Science, 3^{d}. Ser., Vol. 31, p. 377, 1886.

2) In den weiteren Formeln dieses Paragraphen bedeutet $\mathfrak{p}$ einfach die *Grösse* der Geschwindigkeit.

Schwingungszeit der Lichtquelle ist, so ist dieses auch die *absolute* Schwingungsdauer in P.

Daraus folgt dann für die auf das Wasser bezogene *relative* Schwingungsdauer

$$\left(1 \pm \frac{\mathfrak{p}}{W'}\right) T, \quad \ldots \ldots \ldots (88)$$

worin eben W' die gesuchte Geschwindigkeit der Wellen ist, während, wie auch in den weitern Formeln, das obere oder das untere Zeichen anzuwenden ist, je nachdem sich das betrachtete Lichtbündel in der Richtung der Wasserbewegung, oder in der entgegengesetzten fortpflanzt.

Wir vernachlässigen stets Grössen zweiter Ordnung und dürfen somit statt (88) auch setzen

$$\left(1 \pm \frac{\mathfrak{p}}{W}\right) T \ldots \ldots \ldots \ldots (89)$$

Unter dem W in der Gleichung (82) — und auch in diesem Ausdrucke (89) selbst — ist nun der Werth zu verstehen, der in dem ruhenden Körper zu der Periode (89) gehört. Der entsprechende Brechungsexponent ist

$$n \pm \frac{\mathfrak{p}}{W} \, T \frac{d\,n}{d\,T},$$

falls man den Brechungsexponenten für die Periode T durch n bezeichnet; es ist demnach zu substituiren

$$W = \frac{V}{n \pm \dfrac{\mathfrak{p}}{W} \, T \dfrac{d\,n}{d\,T}} = \frac{V}{n} \mp \frac{\mathfrak{p}}{n^2} \, \frac{V}{W} \, T \frac{d\,n}{d\,T},$$

oder, wenn man in dem letzten Gliede W durch $\dfrac{V}{n}$ ersetzt,

$$W = \frac{V}{n} \mp \frac{\mathfrak{p}}{n} \, T \frac{d\,n}{d\,T}.$$

Weiter ist in (82)

$$\mathfrak{p}_n = \pm \, \mathfrak{p},$$

sodass man findet

$$W' = \frac{V}{n} \mp \frac{\mathfrak{p}}{n^2} \mp \frac{\mathfrak{p}}{n} \, T \frac{d\,n}{d\,T},$$

und für die relative Geschwindigkeit in Bezug auf den Aether, also auch in Bezug auf die Schliessplatten der Röhren,

$$W'' = \frac{V}{n} \pm \mathfrak{p} \left(1 - \frac{1}{n^2}\right) \mp \frac{\mathfrak{p}}{n} \, T \frac{d\,n}{d\,T}. \quad \ldots \ldots (90)$$

§ 72. Die genannten Physiker haben ihre Beobachtungen nicht mit dieser Formel verglichen, sondern mit einer anderen, in der das letzte Glied fehlt; es zeigte sich dabei eine sehr befriedigende Uebereinstimmung. Setzt man nämlich

$$W'' = \frac{V}{n} \pm \mathfrak{p}\,\varepsilon\,,$$

so lässt sich der Coefficient ε aus den Versuchen ableiten. Während nun die Herrn MICHELSON und MORLEY auf diese Weise fanden

$$\varepsilon = 0{,}434,$$

„with a possible error of $\pm$ 0,02", hat $1 - \dfrac{1}{n^2}$ für D-Licht den Werth 0,438.

Nach unserer Theorie sollte

$$\varepsilon = 1 - \frac{1}{n^2} - \frac{1}{n}\,T\,\frac{d\,n}{d\,T}$$

sein, oder, wenn man n als Function der Wellenlänge λ in Luft betrachtet,

$$\varepsilon = 1 - \frac{1}{n^2} - \frac{1}{n}\,\lambda\,\frac{d\,n}{d\,\lambda}.$$

Dies wird für die FRAUNHOFER'sche Linie D

$$0{,}451.$$

Die Formel (90) entfernt sich also etwas weiter von den Beobachtungen als die einfachere Gleichung

$$W'' = \frac{V}{n} \pm \mathfrak{p}\left(1 - \frac{1}{n^2}\right); \ \ldots \ldots \ (91)$$

indessen sind die Beobachtungen wohl nicht so genau gewesen, dass man auf diesen Umstand Gewicht legen dürfte.

Sollte es gelingen, was zwar schwierig, aber nicht unmöglich scheint, experimentell zwischen den Gleichungen (90) und (91) zu entscheiden, und sollte sich dabei die erstere bewähren, so hätte man gleichsam die DOPPLER'sche Veränderung der Schwingungsdauer für eine künstlich erzeugte Geschwindigkeit beobachtet. Es ist ja nur unter Berücksichtigung dieser Veränderung, dass wir die Gleichung (90) abgeleitet haben.

§ 73. Eine wie wichtige Rolle die Formel (84) in der Theorie der Aberration und der damit zusammenhängenden Erscheinungen spielt, braucht hier wohl kaum in Erinnerung gebracht zu werden. FRESNEL gründete seine Erklärung des ARAGO'schen Prismenversuchs auf den Werth $1 - \dfrac{1}{N^2}$ des Fortführungscoefficienten. Spätere Forscher haben die Gleichung auf viele andere Fälle angewandt und aus derselben abgeleitet, dass die Bewegung der Erde bei den meisten Versuchen mit irdischen Lichtquellen ohne Einfluss ist, und dass Versuche mit dem Lichte eines Himmelskörpers so ausfallen müssen, als ob die durch die Aberration veränderte Richtung die wirkliche wäre. Wie einfach sich die theoretischen Betrachtungen gestalten, wenn man nicht die Richtung der Wellen, sondern *den Gang der Lichtstrahlen* ins Auge fasst, habe ich, nach dem Beispiele des Hrn. VELTMANN [1]) in meiner Abhandlung vom Jahre 1887 dargethan [2]). Ich beschränkte mich damals auf isotrope Körper, da es mir noch nicht bekannt war, wie das FRESNEL'sche Gesetz für Krystalle zu erweitern sei. Jetzt, da es sich gezeigt hat, dass die Fortpflanzungsgeschwindigkeiten der Lichtstrahlen in diesen Körpern dem einfachen, in der Formel (87) ausgedrückten Gesetze gehorchen, ist es leicht nachzuweisen, *dass auch die doppelte Brechung der Strahlen unabhängig von der Erdbewegung ist* [3]). Man kann zu diesem Zwecke von einem einfachen, aus dem HUYGENS'schen Princip folgenden Satz ausgehen, den ich mir erlaube, hier noch kurz anzuführen.

Es seien A und B zwei beliebige, etwa in verschiedenen, an einander grenzenden Medien liegende Punkte. Von dem einen zum anderen kann im allgemeinen nur eine beschränkte Anzahl von Lichtstrahlen gehen. Bildet man nun für einen solchen Strahl, sowie für andere wenig davon abweichende Wege zwischen A und B, das Integral

$$\int \frac{ds}{U},$$

in dem U die Geschwindigkeit für einen dem Linienelemente ds

---

1) VELTMANN. Pogg. Ann., Bd. 150, p. 497, 1873.
2) LORENTZ. Arch. néerl., T. 21.
3) Eine Ableitung dieses Satzes aus der Formel (87) habe ich in den Zittingsverslagen der Akad. v. Wet. te Amsterdam, 1892—93, p. 149, publicirt.

folgenden Lichtstrahl bedeutet, so ist nach dem besagten Satze das Integral für den Lichtstrahl ein Minimum.

Ich will hier jedoch weder auf diese Betrachtungen, noch auf weitere Anwendungen der Formeln (82) und (87) näher eingehen, da wir die Frage nach dem Einfluss der Erdbewegung in verschiedenen Fällen bereits oben in viel einfacherer Weise erledigt haben.

Nähere Betrachtung von Lichtbündeln mit ebenen Wellen.

§ 74. In den Anwendungen des allgemeinen, im § 59 gefundenen Satzes habe ich mich immer möglichst kurz gefasst und bin nicht mehr ins einzelne gegangen, als es gerade nothwendig war. Zur weiteren Erläuterung scheint es jedoch angemessen, an einigen Beispielen zu zeigen, wie sich auch alle Einzelheiten der Lichtbewegungen aus jenem Satze ergeben.

Wir betrachten zunächst ein Lichtbündel mit ebenen Wellen, das sich im Aether fortpflanzt, nachdem es durch eine weitere Oeffnung in einem undurchsichtigen, mit der Erde verbundenen Schirme hindurchgegangen ist. Für einen Augenblick sehen wir noch von der Bewegung der Erde ab.

Es seien:

l, m, n die Richtungsconstanten der Wellennormale,

q eine Constante,

f, g, h die Richtungsconstanten der dielectrischen Verschiebung,

a die „Amplitude" dieser letzteren.

Es lässt sich sodann die Lichtbewegung darstellen durch die Gleichungen

$$\mathfrak{d}_x = a\,f\,cos\,\psi, \quad \mathfrak{d}_y = a\,g\,cos\,\psi, \quad \mathfrak{d}_z = a\,h\,cos\,\psi, \; . \; . \; (92)$$

$$\mathfrak{H}_x = 4\,\pi\,a\,V\,(m\,h - n\,g)\,cos\,\psi, \quad \mathfrak{H}_y = 4\,\pi\,a\,V\,(n\,f - l\,h)\,cos\,\psi,$$

$$\mathfrak{H}_z = 4\,\pi\,a\,V\,(l\,g - m\,f)\,cos\,\psi, \; . \; . \; . \; . \; . \; (93)$$

$$\psi = \frac{2\,\pi}{T}\Big(t - \frac{l\,x + m\,y + n\,z}{V} + q\Big), \; . \; . \; . \; (94)$$

mit der Bedingung

$$l f + m g + n h = 0 \dots \cdots \dots (95)$$

Man sieht leicht, dass diese Werthe allen Bewegungsgleichungen genügen. Die Vectoren $\mathfrak{b}$ und $\mathfrak{H}$ stehen senkrecht auf einander und auf der Wellennormale; die Richtung der Lichtstrahlen (§ 60, b) fällt mit letzterer zusammen.

§ 75. Bewegt sich die Erde, so ist nach dem Satze des § 59 ein Zustand möglich, der, auf ein bewegliches Coordinatensystem bezogen, dargestellt wird durch

$$\mathfrak{b}'_x = a f \cos \psi', \quad \mathfrak{b}'_y = a g \cos \psi', \quad \mathfrak{b}'_z = a h \cos \psi', \dots (96)$$

$$\mathfrak{H}'_x = 4 \pi a V (m h - n g) \cos \psi', \quad \mathfrak{H}'_y = 4 \pi a V (n f - l h) \cos \psi',$$

$$\mathfrak{H}'_z = 4 \pi a V (l g - m f) \cos \psi', \dots \dots (97)$$

$$\psi' = \frac{2 \pi}{T} \left(t - \frac{\mathfrak{p}_x x + \mathfrak{p}_y y + \mathfrak{p}_z z}{V^2} - \frac{l x + m y + n z}{V} + q \right). (98)$$

Unter $\mathfrak{b}'$ ist hier der durch (IX) (§ 56) definirte Vector $\mathfrak{D}'$ für den reinen Aether zu verstehen.

Während die Lichtstrahlen, welche die seitliche Begrenzung des Bündels bestimmen, noch immer die Richtung (l, m, n) haben, weicht die Wellennormale von derselben ab. Ihre Richtungsconstanten l', m', n' genügen, wie man aus (98) ersieht, den Bedingungen

$$l' : m' : n' = \left(l + \frac{\mathfrak{p}_x}{V} \right) : \left(m + \frac{\mathfrak{p}_y}{V} \right) : \left(n + \frac{\mathfrak{p}_z}{V} \right).$$

Wir werden wieder alle Grössen zweiter Ordnung vernachlässigen. Dann wird, indem wir die Componente von $\mathfrak{p}$ in der Richtung der Strahlen durch $\mathfrak{p}_s$ bezeichnen,

$$l' \left(1 + \frac{\mathfrak{p}_s}{V} \right) = l + \frac{\mathfrak{p}_x}{V}, \text{ u. s. w.}, \dots \dots (99)$$

wodurch sich (98) verwandelt in

$$\psi' = \frac{2 \pi}{T} \left\{ t - \left(1 + \frac{\mathfrak{p}_s}{V} \right) \frac{l' x + m' y + n' z}{V} + q \right\}.$$

Während jetzt T die *relative* Schwingungsdauer ist, findet man für die *absolute* (§§ 60 und 37)

$$T' = T \left(1 - \frac{\mathfrak{p}_s}{V} \right).$$

Zur Bestimmung von $\mathfrak{b}$ und $\mathfrak{H}$ können die Formeln (IX) (§ 56) und (VI$_b$) (§ 20) dienen, welche wir durch

$$4\,\pi\,V^2\,\mathfrak{b} = 4\,\pi\,V^2\,\mathfrak{b}' - [\mathfrak{p}.\,\mathfrak{H}']$$

und

$$\mathfrak{H} = \mathfrak{H}' + 4\,\pi\,[\mathfrak{p}.\,\mathfrak{b}']$$

ersetzen dürfen.

Es ergibt sich

$$\mathfrak{b}_x = a\left\{ f - \frac{\mathfrak{p}_y}{V}\,(l\,g - m\,f) + \frac{\mathfrak{p}_z}{V}\,(n\,f - l\,h)\right\}\cos\psi', \quad \text{u.s.w.,} \quad (100)$$

$$\mathfrak{H}_x = 4\,\pi\,a\,\{V\,(m\,h - n\,g) + (\mathfrak{p}_y\,h - \mathfrak{p}_z\,g)\}\cos\psi', \quad \text{u.s.w.,} \quad . (101)$$

oder, wenn man nach (99)

$$\frac{\mathfrak{p}_x}{V} = l'\left(1 + \frac{\mathfrak{p}_s}{V}\right) - l, \quad \text{u. s. w.}$$

setzt und (95) berücksichtigt,

$$\mathfrak{b}_x = a\left(1 + \frac{\mathfrak{p}_s}{V}\right)\{-m'\,(l\,g - m\,f) + n'\,(n\,f - l\,h)\}\cos\psi', \quad \text{u.s.w.,} \quad (102)$$

$$\mathfrak{H}_x = 4\,\pi\,a\,V\left(1 + \frac{\mathfrak{p}_s}{V}\right)(m'\,h - n'\,g)\cos\psi', \quad \text{u. s. w.}$$

Man ersieht hieraus, dass $\mathfrak{b}$ und $\mathfrak{H}$ beide senkrecht zur Wellennormale stehen, wie es auch nicht anders zu erwarten war. Ueberdies stehen die beiden Vectoren senkrecht auf einander, was man am einfachsten erkennt, wenn man (100) durch

$$\mathfrak{b}_x = a\left\{ f - \frac{\mathfrak{p}_y}{V}\,(l'\,g - m'\,f) + \frac{\mathfrak{p}_z}{V}\,(n'\,f - l'\,h)\right\}\cos\psi', \quad \text{u. s. w.}$$

ersetzt.

Wir können nun weiter schliessen, dass der in dem POYN-TING'schen Theorem vorkommende Vector $[\mathfrak{b}.\,\mathfrak{H}]$ mit der Wellennormale zusammenfällt. Man überzeugt sich leicht, dass er die Richtung hat, in der die Wellen sich fortpflanzen, und findet für seine Grösse

$$4\,\pi\,a^2\,(V + 2\,\mathfrak{p}_s)\,\cos^2\psi'.$$

Der Energiestrom durch eine den Wellen parallele Ebene beträgt also für die Flächen- und Zeiteinheit

$$4\,\pi\,a^2\,V^2\,(V + 2\,\mathfrak{p}_s)\,\cos^2\psi' \quad \ldots \ldots \quad (103)$$

§ 76. Aus einem Lichtbündel wie dem oben betrachteten können durch Brechung oder Spiegelung an ebenen Grenzflächen andere derselben Art entstehen. Wir betrachten hier nur solche, die sich wiederum im Aether fortpflanzen, und stellen für den Fall, dass die Erde ruht, eines der Bündel, welche aus der im § 74 betrachteten einfallenden Bewegung hervorgehen, durch folgende Formeln dar

$$\mathfrak{d}_{x(1)} = a_1\, f_1 \cos \psi_1, \quad \mathfrak{d}_{y(1)} = a_1\, g_1 \cos \psi_1, \quad \mathfrak{d}_{z(1)} = a_1\, h_1 \cos \psi_1,$$

$$\mathfrak{H}_{x(1)} = 4\,\pi\, a_1\, V\, (m_1\, h_1 - n_1\, g_1) \cos \psi_1, \quad \text{u. s. w.},$$

$$\psi_1 = \frac{2\,\pi}{T}\left(t - \frac{l_1\, x + m_1\, y + n_1\, z}{V} + q_1 \right).$$

§ 77. Mit dieser Bewegung wird nun diejenige correspondiren, welche, falls die Erde mitsammt dem reflectirenden oder brechenden Körper sich bewegt, aus dem durch (96)—(98) dargestellten Lichte hervorgeht. Für diesen neuen Bewegungszustand dürfen wir mithin schreiben

$$\mathfrak{d}'_{x(1)} = a_1\, f_1 \cos \psi'_1, \quad \mathfrak{d}'_{y(1)} = a_1\, g_1 \cos \psi'_1, \quad \mathfrak{d}'_{z(1)} = a_1\, h_1 \cos \psi'_1,$$

$$\mathfrak{H}'_{x(1)} = 4\,\pi\, a_1\, V\, (m_1\, h_1 - n_1\, g_1) \cos \psi'_1, \quad \text{u. s. w.},$$

$$\psi'_1 = \frac{2\,\pi}{T}\left(t - \frac{\mathfrak{p}_x\, x + \mathfrak{p}_y\, y + \mathfrak{p}_z\, z}{V^2} - \frac{l_1\, x + m_1\, y + n_1\, z}{V} + q_1 \right),$$

woraus dann wieder folgt — vergl. (100) und (101) —

$$\mathfrak{d}_{x(1)} = a_1 \left\{ f_1 - \frac{\mathfrak{p}_y}{V}(l_1\, g_1 - m_1\, f_1) + \frac{\mathfrak{p}_z}{V}(n_1\, f_1 - l_1\, h_1) \right\} \cos \psi'_1, \text{u.s.w.},$$

$$\mathfrak{H}_{x(1)} = 4\,\pi\, a_1 \left\{ V\,(m_1\, h_1 - n_1\, g_1) + (\mathfrak{p}_y\, h_1 - \mathfrak{p}_z\, g_1) \right\} \cos \psi'_1, \text{u. s. w.}$$

In diesen Gleichungen bestimmen l_1, m_1, n_1 die Richtung der Strahlen, die wir auch durch s_1 bezeichnen wollen.

§ 78. Bei der Spiegelung oder Brechung wird nun im allgemeinen die *absolute* Periode geändert, während, wie sich fast von selbst versteht und auch in unseren Formeln ausgedrückt wird, die *relative* Periode für alle in Betracht kommenden Lichtbündel dieselbe ist. Die absolute Periode der einfallenden Bewegung ist (§ 75)

$$T\left(1 - \frac{\mathfrak{p}_s}{V} \right).$$

Desgleichen wird dieselbe für das im vorhergehenden Paragraphen betrachtete Bündel

$$T\left(1 - \frac{\mathfrak{p}_{s_1}}{V} \right).$$

Sie hat sich mithin im Verhältniss von 1 zu $1 + \frac{\mathfrak{p}_s - \mathfrak{p}_{s_1}}{V}$ geändert.

Fallen z. B. Strahlen senkrecht auf eine Platte, die in der Richtung ihrer Normale mit der Geschwindigkeit $\mathfrak{p}$ zurückweicht, so ist für das einfallende Licht $\mathfrak{p}_s = \mathfrak{p}$, und für das reflectirte $\mathfrak{p}_{s_1} = -\mathfrak{p}$. Die Veränderung der absoluten Schwingungsdauer bei der Reflexion wird sonach durch die Verhältnisszahl $1 + \frac{2\mathfrak{p}}{V}$ bestimmt.

Auch in dem Verhältniss zwischen den Amplituden des einfallenden und des gespiegelten oder gebrochenen Lichtes zeigt sich ein Einfluss der Erdbewegung. Die Amplitude der dielectrischen Verschiebung $\mathfrak{d}$ ist nämlich bei den in den §§ 74, 75, 76 und 77 betrachteten Bewegungszuständen

$$ a, \quad a\left(1 + \frac{\mathfrak{p}_s}{V}\right), \quad a_1, \quad a_1\left(1 + \frac{\mathfrak{p}_{s_1}}{V}\right). $$

Das soeben erwähnte Verhältniss ist

$$ \frac{a_1}{a}, $$

falls die Erde ruht, und

$$ \frac{a_1}{a}\left(1 + \frac{\mathfrak{p}_{s_1} - \mathfrak{p}_s}{V}\right), $$

wenn sie sich bewegt.

In dem oben behandelten Fall, dass die Strahlen senkrecht auf eine zurückweichende Platte fallen, wird der letztere Ausdruck

$$ \frac{a_1}{a}\left(1 - \frac{2\mathfrak{p}}{V}\right); $$

das reflectirte Licht wird also durch die Bewegung der Platte geschwächt. Natürlich würde die entgegengesetzte Bewegung es verstärken.

Es entsteht nun die wichtige Frage, ob diese Intensitätsveränderungen mit dem Gesetze von der Erhaltung der Energie verträglich sind. Um hierüber zu entscheiden, hat man zu berücksichtigen, dass der Aether, infolge der Lichtbewegung, mit gewissen Kräften auf den spiegelnden oder brechenden Körper wirkt (§ 17), und dass diese Kräfte eine Arbeit leisten, sobald sich der Körper mit der Geschwindigkeit $\mathfrak{p}$ verschiebt.

Man denke sich nun einen durchsichtigen, von ebenen Flächen begrenzten und rings vom Aether umgebenen Körper K, auf den ein System ebener Wellen fällt, und von dem also wieder reflectirte und gebrochene Lichtbündel ausgehen. Man lege um denselben eine *feststehende*, geschlossene Fläche σ, und berechne für ein Zeitintervall, das der *relativen* Periode T gleich ist,

1°. die Energiemenge A, die durch σ mehr ein- als auswandert,

2°. den Zuwachs B der innerhalb der Fläche befindlichen electrischen Energie, und

3°. die Arbeit C der obengenannten Kräfte.

Zur Vereinfachung nehme man dabei an, dass die Amplituden constant seien, und dass der Körper fortwährend in derselben Weise von den Strahlen getroffen werde, was der Fall ist, wenn die Lichtquelle, oder das zur Abgrenzung eines Bündels Sonnenlicht dienende Diaphragma an der Translation von K theilnimmt. Nach Ablauf der Zeit T hat dann die Energie in diesem Körper selbst wieder den anfänglichen Werth, und es würde sich sogar die in σ enthaltene Energie gar nicht geändert haben, wenn sich auch die Fläche mit der Geschwindigkeit $\mathfrak{p}$ verschoben hätte. Bei der Berechnung von B kommt demnach nur die Energie in gewissen, in der unmittelbaren Nähe von σ liegenden Raumtheilen in Betracht.

Man wird schliesslich finden

$$A = B + C, \ldots \ldots \ldots \ldots (104)$$

womit dann bewiesen ist, dass wir bei unseren Entwicklungen immer mit dem Energiegesetze in Uebereinstimmung geblieben sind.

Ich will mich mit der Verification der Gleichung (104) jedoch nicht aufhalten, da es vorzuziehen sein dürfte, die Frage allgemeiner zu behandeln.

Die Erhaltung der Energie in einem allgemeineren Falle.

§ 79. Ein beliebiger durchsichtiger Körper K werde von einer homogenen Lichtbewegung, deren Intensität constant bleibt, getroffen; in dem Körper und in dem Aether in dessen Nähe entsteht dann eine bestimmte Bewegung.

Dabei sind, wenn zunächst die Erde als ruhend gedacht wird, die Componenten von $\mathfrak{d}$ und $\mathfrak{H}$ im Aether gewisse Functionen von x, y, z, t, und zwar, was die letzte Variable betrifft, goniometrische Functionen mit der Periode T. Während einer vollen Periode, etwa in dem Zeitintervall von $t_0 - T$ bis t_0, müssen gleiche Quantitäten Energie durch eine beliebige, den Körper umschliessende Fläche σ aus- und einwandern, was sich nach dem POYNTING'schen Theorem ausdrücken lässt durch

$$\int_{t_0 - T}^{t_0} d t \int [\mathfrak{d} . \mathfrak{H}]_n d \sigma = 0 \quad \ldots \ldots \quad (105)$$

Indem wir annehmen, dass diese Bedingung erfüllt sei, wollen wir zeigen, dass auch der mit dem obigen correspondirende Bewegungszustand, der im Falle einer Translation $\mathfrak{p}$ bestehen kann, dem Energiegesetze genügt.

Ersetzt man in den Functionen, welche bei ruhender Erde für $\mathfrak{d}_x$, $\mathfrak{H}_x$, u.s.w. gelten, die Zeit t durch die „Ortszeit" t' (§ 31) und versteht in jenen Functionen unter x, y, z die Coordinaten in Bezug auf ein bewegliches System, so erhält man die Werthe von $\mathfrak{d}'_x$, $\mathfrak{H}'_x$, u.s.w. für den neuen Zustand. Aus (105) folgt also unmittelbar, dass

$$\int_{t_0 - T}^{t_0} d t \int [\mathfrak{d}' . \mathfrak{H}']_n d \sigma = 0. \quad \ldots \ldots \quad (106)$$

ist, vorausgesetzt, dass man für σ eine Fläche wählt, die an der Bewegung des Körpers theilnimmt.

§ 80. Es soll nun aber die Wanderung der Energie durch eine *feststehende* Fläche σ betrachtet werden. Der auf die Einheit derselben bezogene Energiestrom ist

$$V^2 [\mathfrak{d} . \mathfrak{H}]_n ,$$

oder, wie man aus den Formeln (IX) und (VI$_b$) (§§ 56 und 20), unter fortwährender Vernachlässigung der Grössen zweiter Ordnung, findet

$$V^2 \, [\mathfrak{d}'. \, \mathfrak{H}']_n + 4 \, \pi \, V^2 \, \{\mathfrak{p}_n \, \mathfrak{d}^2 - \mathfrak{d}_n \, (\mathfrak{p}_x \, \mathfrak{d}_x + \mathfrak{p}_y \, \mathfrak{d}_y + \mathfrak{p}_z \, \mathfrak{d}_z)\} +$$

$$+ \frac{1}{4 \, \pi} \, \{\mathfrak{p}_n \, \mathfrak{H}^2 - \mathfrak{H}_n \, (\mathfrak{p}_x \, \mathfrak{H}_x + \mathfrak{p}_y \, \mathfrak{H}_y + \mathfrak{p}_z \, \mathfrak{H}_z)\} \ldots \ldots (107)$$

Wollen wir hieraus die Energie berechnen, welche zwischen den Zeiten $t_0 - T$ und t_0 mehr aus- als einströmt, so haben wir zunächst über die Fläche σ, und sodann, indem wir letztere festhalten, nach der Zeit zu integriren. Was die beiden letzten Glieder betrifft, so könnte man freilich ebenso gut an eine Fläche denken, die mit der Geschwindigkeit $\mathfrak{p}$ fortschreitet.

§ 81. Um auch die Integration des ersten Gliedes in der Weise einzurichten, dass man es dabei mit einer solchen beweglichen Fläche zu thun hat, setzen wir zunächst für den Zuwachs, den das Integral $V^2 \int [\mathfrak{d}'. \, \mathfrak{H}']_n \, d \, \sigma$, bei bestimmtem t, erleidet, wenn man die Fläche σ in der Richtung von $\mathfrak{p}$ um die unendlich kleine Strecke ε verschiebt, das Zeichen

$$\chi \, \varepsilon,$$

worin natürlich χ eine ganz bestimmte Function von t ist. Wir denken uns weiter eine Fläche σ_0, welche zur Zeit t_0 mit σ zusammenfällt, aber mit der Erde verbunden ist. Zur Zeit t hat dann die „Entfernung" von σ_0 und σ den Werth $\mathfrak{p} \, (t_0 - t)$, der als unendlich klein zu betrachten ist, und beträgt unser Integral für die feststehende Fläcke σ

$$\mathfrak{p} \, \chi \, (t_0 - t)$$

mehr als für σ_0. Das Zeitintegral, um das es sich schliesslich handelt, ist also um

$$\mathfrak{p} \int_{t_0 - T}^{t_0} \chi \, (t_0 - t) \, d \, t. \ldots \ldots \ldots (108)$$

grösser als das für σ_0 genommene Zeitintegral, und, da letzteres nach (106) verschwindet, hat man es nur mit dem Werth (108) zu thun.

Uebrigens braucht man hier in χ die Grössen mit $\mathfrak{p}$ nicht zu berücksichtigen und darf also, da bei dieser Vernachlässigung

$$V^2 \int [\mathfrak{v}' . \mathfrak{H}']_n \, d\sigma$$

der Energiestrom ist, unter

$$\chi \, \varepsilon$$

die für die Zeiteinheit, und unter

$$\chi \, \varepsilon \, d t$$

die für das Element dt berechnete Differenz der Energieströme durch zwei festliegende, um die Strecke ε von einander entfernte Flächen verstehen.

Es soll nun $Q \varepsilon$ die Energie sein, die, zur Zeit t, von unserer Fläche σ in ihrer feststehenden Lage mehr umschlossen wird, als wenn diese Fläche um ε in der Richtung von $\mathfrak{p}$ verschoben wäre; man erkennt dann sofort, dass

$$\chi \, \varepsilon \, d t = \frac{d Q}{d t} \varepsilon \, d t,$$

$$\chi = \frac{d Q}{d t}$$

sein muss.

Hierdurch, und weiter durch partielle Integration, verwandelt sich (108) in

$$\mathfrak{p} \int_{t_0 - T}^{t_0} \frac{d Q}{d t} (t_0 -- t) \, d t = - \mathfrak{p} \, T \, Q_{t = t_0 - T} + \mathfrak{p} \int_{t_0 - T}^{t_0} Q \, d t,$$

oder

$$- \mathfrak{p} \, T \, Q_{t = t_0} + \mathfrak{p} \int_{t_0 - T}^{t_0} Q \, d t,$$

da, bis auf Grössen von der Ordnung $\mathfrak{p}$, Q nach Ablauf der Zeit T wieder den anfänglichen Werth hat.

§ 82. Bis jetzt war nur vom ersten Gliede in (107) die Rede. Bezeichnen wir die beiden anderen Glieder durch A, so haben wir in

$$- \mathfrak{p} \, T \, Q_{t = t_0} + \mathfrak{p} \int_{t_0 - T}^{t_0} Q \, d t + \int_{t_0 - T}^{t_0} d t \int A \, d\sigma$$

den vollständigen Werth der durch σ nach aussen gewanderten Energie. Addiren wir dann dazu die Vermehrung der Energie im Innern von σ, und die Arbeit der Kräfte, mit welchen der

Aether auf den ponderablen Körper wirkt, so müssen wir, soll sich das Energiegesetz bewähren, offenbar Null erhalten.

Die Zunahme der Energie in einer vollen Periode T wäre Null, wenn sich die Fläche σ mit dem Körper K über die Strecke $\mathfrak{p}\, T$ verschoben und dabei etwa die Lage σ'' angenommen hätte; sie besteht also factisch in der Energiemenge, welche, zur Zeit t_0, in σ mehr enthalten ist als in σ''. Diese ist nun, wie aus der für $Q\,\varepsilon$ gegebenen Definition hervorgeht, gerade

$$\mathfrak{p}\, T\, Q_{t=t_0}.$$

Die obenerwähnte Arbeit lässt sich, wie wir sogleich sehen werden, darstellen durch einen Ausdruck von der Form

$$\int_{t_0-T}^{t_0} d\,t \int S\, d\,\sigma;$$

das Energiegesetz erfordert also, dass

$$\mathfrak{p}\int_{t_0-T}^{t_0} Q\, d\,t + \int_{t_0-T}^{t_0} d\,t \int A\, d\,\sigma + \int_{t_0-T}^{t_0} d\,t \int S\, d\,\sigma = 0$$

sei.

Gelingt es nun noch, Q darzustellen als ein Integral über σ, etwa in der Form

$$Q = \int q\, d\,\sigma,$$

und zu zeigen, dass

$$\mathfrak{p}\, q + A + S = 0 \ldots \ldots \ldots \ldots (109)$$

ist, so haben wir unser Ziel erreicht.

§ 83. Aus der für $Q\,\varepsilon$ gegebenen Definition leiten wir ab, dass unter $q\,\varepsilon\, d\,\sigma$ der Energieinhalt des Raumes zu verstehen ist, den das Element $d\,\sigma$ bei der Verschiebung ε durchläuft, und zwar hat man, je nachdem die Verschiebung nach der Innen-, oder der Aussenseite von σ stattfindet, das positive, oder das negative Vorzeichen anzuwenden. Man hat also

$$q\,\varepsilon\, d\,\sigma = -\,\varepsilon\, cos\,(\mathfrak{p}, n)\left(2\,\pi\, V^2\,\mathfrak{b}^2 + \frac{1}{8\,\pi}\,\mathfrak{H}^2\right) d\,\sigma,$$

und

$$\mathfrak{p}\, q = -\,\mathfrak{p}_n\left(2\,\pi\, V^2\,\mathfrak{b}^2 + \frac{1}{8\,\pi}\,\mathfrak{H}^2\right).$$

8

Was zweitens die Arbeit betrifft, so brauchen wir uns um das letzte Glied in der Gleichung (15) und den analogen Formeln nicht zu kümmern [1]). Nur die „Spannungen" kommen n Betracht, und es ist

$$S \, d\sigma \, dt$$

die Arbeit der auf $d\sigma$ entfallenden Spannung. Die Componenten dieser Spannung sind

$$\left\{ 2\pi V^2 \left(2\,\mathfrak{d}_x\,\mathfrak{d} - \alpha\,\mathfrak{d}^2 \right) + \frac{1}{8\pi} \left(2\,\mathfrak{H}_x\,\mathfrak{H}_n - \alpha\,\mathfrak{H}^2 \right) \right\} d\sigma, \text{ u. s. w.,}$$

woraus folgt

$$S = 2\pi V^2 \left\{ 2\,\mathfrak{d}_n \left(\mathfrak{p}_x\,\mathfrak{d}_x + \mathfrak{p}_y\,\mathfrak{d}_y + \mathfrak{p}_z\,\mathfrak{d}_z \right) - \mathfrak{p}_n\,\mathfrak{d}^2 \right\} +$$

$$+ \frac{1}{8\pi} \left\{ 2\,\mathfrak{H}_n \left(\mathfrak{p}_x\,\mathfrak{H}_x + \mathfrak{p}_y\,\mathfrak{H}_y + \mathfrak{p}_z\,\mathfrak{H}_z \right) - \mathfrak{p}_n\,\mathfrak{H}^2 \right\}.$$

Schliesslich bedeutet A die Summe der beiden letzten Glieder in (107).

Die angegebenen Werthe genügen nun wirklich der Bedingung (109).

---

[1]) Um nämlich die Arbeit zu berechnen, kann man den Weg $\mathfrak{p} \, T$ mit dem Mittelwerthe der in seiner Richtung wirkenden Kraft multipliciren. Dieser Mittelwerth wäre für das letzte Glied in (15) Null, wenn sich die Fläche σ mit dem Körper verschöbe, woraus folgt, dass er in Wirklichkeit eine Grösse von der Ordnung $\mathfrak{p}$ ist.

ABSCHNITT VI.

VERSUCHE, DEREN ERGEBNISSE SICH NICHT OHNE WEITERES ERKLÄREN LASSEN.

Die Drehung der Polarisationsebene.

§ 84. Als Bewegungsgleichungen des Lichtes für einen isotropen Körper, der *nicht* dieselben Eigenschaften hat, wie sein Spiegelbild, haben wir nach den Betrachtungen des vierten Abschnittes anzunehmen:

$$Div\ \mathfrak{D} = 0, \dots\dots\dots\dots\dots\dots (I_e)$$
$$Div\ \mathfrak{H} = 0, \dots\dots\dots\dots\dots\dots (II_e)$$
$$Rot\ \mathfrak{H}' = 4\,\pi\,\dot{\mathfrak{D}}, \dots\dots\dots\dots\dots (III_e)$$
$$Rot\ \mathfrak{E} = -\,\dot{\mathfrak{H}}, \dots\dots\dots\dots (IV_e)$$
$$\mathfrak{E} = 4\,\pi\,V^2\,\mathfrak{d} + [\mathfrak{p}.\,\mathfrak{H}], \dots\dots\dots (V_e)$$
$$\mathfrak{H}' = \mathfrak{H} - 4\,\pi\,[\mathfrak{p}.\,\mathfrak{d}], \dots\dots\dots (VI_e)$$
$$\mathfrak{D} = \mathfrak{d} + \mathfrak{M}, \dots\dots\dots\dots\dots (X)$$
$$\mathfrak{E} = \sigma\,\mathfrak{M} + j\,Rot\,\mathfrak{M} + k\,[\dot{\mathfrak{M}}.\,\mathfrak{p}], \dots\dots (XI)$$

worin unter $\mathfrak{E}$, $\mathfrak{d}$, $\mathfrak{H}$ und $\mathfrak{H}'$ Mittelwerthe zu verstehen sind.

Wir wollen nun voraussetzen, dass die Geschwindigkeit $\mathfrak{p}$ die Richtung der x-Axe habe, und die Fortpflanzung von ebenen Wellen untersuchen, deren Normale gleichfalls mit dieser Axe zusammenfällt.

§ 85. Um eine solchen Wellen entsprechende particulare Lösung der Gleichungen zu finden, setzen wir

$$\mathfrak{H}_x = 0, \quad \mathfrak{H}_y = a\,e^{n\,t - m\,x}, \quad \mathfrak{H}_z = \nu\,\mathfrak{H}_y,$$

worin a, ν, n und m Constanten sind. Es ist hierdurch bereits die Bedingung (II_e) erfüllt.

Der Gleichung (IV$_e$) genügen wir jetzt, indem wir setzen

$$\mathfrak{E}_x = 0, \quad \mathfrak{E}_y = \frac{n}{m}\,\mathfrak{H}_z, \quad \mathfrak{E}_z = -\frac{n}{m}\,\mathfrak{H}_y,$$

und es folgt dann aus (V$_e$), (VI$_e$) und (III$_e$) der Reihe nach

$$\mathfrak{b}_x = 0, \quad 4\pi\,V^2\,\mathfrak{b}_y = \left(\frac{n}{m} + \mathfrak{p}_x\right)\mathfrak{H}_z, \quad 4\pi\,V^2\,\mathfrak{b}_z = -\left(\frac{n}{m} + \mathfrak{p}_x\right)\mathfrak{H}_y,$$

$$\mathfrak{H}'_x = 0, \quad \mathfrak{H}'_y = \left(1 - \frac{n}{m}\,\frac{\mathfrak{p}_x}{V^2}\right)\mathfrak{H}_y, \quad \mathfrak{H}'_z = \left(1 - \frac{n}{m}\,\frac{\mathfrak{p}_x}{V^2}\right)\mathfrak{H}_z.$$

$$\mathfrak{D}_x = 0, \quad 4\pi\,\mathfrak{D}_y = \left(\frac{m}{n} - \frac{\mathfrak{p}_x}{V^2}\right)\mathfrak{H}_z, \quad 4\pi\,\mathfrak{D}_z = -\left(\frac{m}{n} - \frac{\mathfrak{p}_x}{V^2}\right)\mathfrak{H}_y,$$

welche letzteren Werthe sich auch mit der Bedingung (I$_e$) vertragen.

Schliesslich leiten wir aus (X) ab

$$\mathfrak{M}_x = 0, \quad 4\pi\,V^2\,\mathfrak{M}_y = \left(V^2\frac{m}{n} - \frac{n}{m} - 2\,\mathfrak{p}_x\right)\mathfrak{H}_z,$$

$$4\pi\,V^2\,\mathfrak{M}_z = -\left(V^2\frac{m}{n} - \frac{n}{m} - 2\,\mathfrak{p}_x\right)\mathfrak{H}_y,$$

und haben dann nur noch der Bedingung (XI) zu genügen.

Die erste der hierin zusammengefassten Beziehungen ergibt nichts Neues, während die zweite und dritte lauten:

$$\mathfrak{E}_y = \sigma\,\mathfrak{M}_y - j\,\frac{\partial\,\mathfrak{M}_z}{\partial\,x} + k\,\dot{\mathfrak{M}}_z\,\mathfrak{p}_x, \quad \ldots \ldots (110)$$

und

$$\mathfrak{E}_z = \sigma\,\mathfrak{M}_z + j\,\frac{\partial\,\mathfrak{M}_y}{\partial\,x} - k\,\dot{\mathfrak{M}}_y\,\mathfrak{p}_x \quad \ldots \ldots (111)$$

Da nun nach den mitgetheilten Formeln

$$\mathfrak{E}_y = -\nu\,\mathfrak{E}_z \quad \text{und} \quad \mathfrak{M}_y = -\nu\,\mathfrak{M}_z$$

ist, so lässt sich für (110) und (111) schreiben

$$\nu\,(\mathfrak{E}_z - \sigma\,\mathfrak{M}_z) = j\,\frac{\partial\,\mathfrak{M}_z}{\partial\,x} - k\,\dot{\mathfrak{M}}_z\,\mathfrak{p}_x,$$

und

$$\mathfrak{E}_z - \sigma\,\mathfrak{M}_z = -\nu\left(j\,\frac{\partial\,\mathfrak{M}_z}{\partial\,x} - k\,\dot{\mathfrak{M}}_z\,\mathfrak{p}_x\right).$$

Zunächst findet man also

$$\nu^2 = -1, \quad \nu = \pm\,i,$$

und dann weiter

$$4 \pi V^2 \frac{n}{m} = \{\sigma \pm i (j m + k n \, \mathfrak{p}_x)\} \left(V^2 \frac{m}{n} - \frac{n}{m} - 2 \, \mathfrak{p}_x \right) . \quad (112)$$

Sind nun σ, j, k und n gegeben, so lässt sich aus dieser Gleichung m bestimmen, und zwar erhält man *zwei* Werthe, je nachdem man das obere, oder das untere Zeichen anwendet.

§ 86. Wir setzen

$$n = i \, n', \quad m = i \, m';$$

die Gleichung (112) verwandelt sich dadurch in

$$4 \pi V^2 \frac{n'}{m'} = \{\sigma \mp (j m' + k n' \, \mathfrak{p}_x)\} \left(V^2 \frac{m'}{n'} - \frac{n'}{m'} - 2 \, \mathfrak{p}_x \right), \quad . \quad (113)$$

woraus sich für m' zwei *reelle* Werthe ergeben, die wir durch m'_1 und m'_2 bezeichnen wollen.

Für $\nu = + i$, $m' = m'_1$, wird nun

$$\mathfrak{H}_y = a \, e^{i (n' t - m'_1 x)}, \quad \mathfrak{H}_z = i \, a \, e^{i (n' t - m'_1 x)},$$

und für $\nu = - i$, $m' = m'_2$,

$$\mathfrak{H}_y = a \, e^{i (n' t - m'_2 x)}, \quad \mathfrak{H}_z = - i \, a \, e^{i (n' t - m'_2 x)}.$$

Nimmt man nun schliesslich [die *reellen* Theile], so gelangt man zu folgenden beiden particularen Lösungen

$$\mathfrak{H}_y = a \cos (n' t - m'_1 x), \quad \mathfrak{H}_z = - a \sin (n' t - m'_1 x), \quad . \, . \, (114)$$

$$\mathfrak{H}_y = a \cos (n' t - m'_2 x), \quad \mathfrak{H}_z = a \sin (n' t - m'_2 x), \quad . \, . \, . \, (115)$$

welche offenbar zwei entgegengesetzt circular polarisirte Lichtbündel mit den Fortpflanzungsgeschwindigkeiten n'/m'_1 und n'/m'_2 darstellen.

Die Zusammensetzung dieser Bewegungszustände führt in bekannter Weise zu einem Bündel linear polarisirten Lichtes, dessen Schwingungsrichtung gedreht wird. Addition der Werthe (114) und (115) ergibt nämlich die Lösung

$$\mathfrak{H}_y = 2 \, a \cos \tfrac{1}{2} (m'_1 - m'_2) x \cos \{n' t - \tfrac{1}{2} (m'_1 + m'_2) x\},$$

$$\mathfrak{H}_z = 2 \, a \sin \tfrac{1}{2} (m'_1 - m'_2) x \cos \{n' t - \tfrac{1}{2} (m'_1 + m'_2) x\}.$$

Die auf die Längeneinheit bezogene Drehung ω der Polarisationsebene beträgt demnach

$$\omega = \tfrac{1}{2} (m'_1 - m'_2).$$

§ 87. Ersetzt man in der Gleichung (113) $\mp j$ durch α, und $\mp k\,\mathfrak{p}_x$ durch β, so wird

$$4\,\pi\,V^2\,\frac{n'}{m'} = (\sigma + \alpha\,m' + \beta\,n')\left(V^2\frac{m'}{n'} - \frac{n'}{m'} - 2\,\mathfrak{p}_x\right).$$

Da die Glieder mit α, β und $\mathfrak{p}_x$ jedenfalls sehr klein sind, so lässt sich der hieraus folgende Werth von m' durch eine nach den Potenzen von α, β und $\mathfrak{p}_x$ fortschreitende Reihe darstellen. Das erste, von diesen Grössen unabhängige Glied hat den Werth

$$m'_0 = n'\sqrt{\frac{4\,\pi}{\sigma} + \frac{1}{V^2}},$$

und man findet dann weiter

$$m' = m'_0 + \frac{n'}{V^2}\,\mathfrak{p}_x - \frac{2\,\pi}{\sigma^2}\,n'^2\,\alpha - \frac{2\,\pi}{\sigma^2}\,\frac{n'^3}{m'_0}\,\beta - \frac{2\,\pi}{\sigma^2\,V^2}\,\frac{n'^3}{m'_0}\,\alpha\,\mathfrak{p}_x +$$
$$+ A\,\alpha^2 + B\,\alpha\,\beta + C\,\alpha^2\,\mathfrak{p}_x,$$

wo wir die drei letzten Glieder nicht näher berechnet und alle höheren Potenzen von α und β, sowie alle Glieder, welche $\mathfrak{p}_x^2$ enthalten, vernachlässigt haben. Zu diesen letzteren gehören auch die Glieder mit β^2 und $\beta\,\mathfrak{p}_x$, da $\beta = \mp k\,\mathfrak{p}_x$ ist.

Man erhält nun m'_1, oder m'_2, je nachdem man $\alpha = -j$, $\beta = -k\,\mathfrak{p}_x$, oder $\alpha = +j$, $\beta = +k\,\mathfrak{p}_x$ setzt. Die gesuchte Drehung der Polarisationsebene wird somit

$$\omega = \frac{2\,\pi}{\sigma^2}\,n'^2\left(1 + \frac{n'}{m'_0}\,\frac{\mathfrak{p}_x}{V^2}\right)j + \frac{2\,\pi}{\sigma^2}\,\frac{n'^3}{m'_0}\,\mathfrak{p}_x\,k,$$

oder, wenn man die Fortpflanzungsgeschwindigkeit $\dfrac{n'}{m'_0}$ durch W bezeichnet,

$$\omega = \frac{2\,\pi}{\sigma^2}\,n'^2\left(1 + \frac{W\mathfrak{p}_x}{V^2}\right)j + \frac{2\,\pi}{\sigma^2}\,n'^2\,W\mathfrak{p}_x\,k.$$

Die natürliche Drehung der Polarisationsebene im ruhenden Körper wäre hiernach

$$\frac{2\,\pi}{\sigma^2}\,n'^2\,j; \ldots \ldots \ldots \ldots (116)$$

dürfte man σ und j als constant betrachten, so wäre sie, wie aus der Bedeutung von n' hervorgeht, dem Quadrat der Schwingungszeit umgekehrt proportional. Bekanntlich weichen alle

Körper mehr oder weniger von diesem Gesetze ab; wir wissen aber schon, dass sich σ mit der Schwingungsdauer ändert, und es dürfte j wohl gleichfalls von derselben abhängen.

Die Translation hat nun nach unserer Gleichung zweierlei Einfluss. Einmal ändert sie die bereits bestehende Drehung in dem Verhältnisse

$$1 + \frac{W\mathfrak{p}_x}{V^2}, \quad \ldots \ldots \ldots \quad (117)$$

und ferner bewirkt sie noch eine Drehung

$$\frac{2\pi}{\sigma^2} n'^2 W\mathfrak{p}_x k. \quad \ldots \ldots \ldots \quad (118)$$

Eine Beziehung zwischen diesem Werthe und (116) vermag die Theorie nicht anzugeben; vielleicht besteht eine solche gar nicht, und können Fälle vorkommen, in denen j sehr klein ist, während k dennoch einen merklichen Werth hat.

Es braucht übrigens wohl kaum bemerkt zu werden, dass die durch (118) dargestellte Erscheinung insofern der magnetischen Drehung der Polarisationsebene ähnlich ist, als auch sie nur durch einen *äusseren* Einfluss, nämlich durch die Translation, entsteht, und am stärksten hervortritt, wenn dieser Einfluss die Richtung der Lichtstrahlen hat.

§ 88. Versuche über die Drehung der Polarisationsebene bei verschiedener Orientirung der Apparate hat meines Wissens nur Hr. Mascart [1]) vorgenommen. Derselbe vermochte beim Quarz keine Veränderung der Drehung zu constatiren, wenn die Lichtstrahlen einmal die Richtung der Erdbewegung, und zum anderen die entgegengesetzte hatten. Aus den Beobachtungen war zu schliessen, dass die Veränderung jedenfalls nicht den 20 000sten Theil der Rotation betrug, und dass also bei einer bestimmten Richtung der Lichtstrahlen die Drehung durch die Erdbewegung um weniger als 1/40 000 geändert wurde.

In Ermangelung einer für anisotrope Körper geltenden Theorie dürfen wir vielleicht die oben mitgetheilten Formeln auch auf den Quarz anwenden. Da nun der Brechungsexponent 1,55 ist, und $\mathfrak{p}_x/V = 1/10\,000$, so wird der Werth des zweiten Gliedes in (117)

---

1) Mascart. Ann. de l'école normale, 2c sér., T. 1, pp. 210—214, 1872.

0,000064. Die hierdurch bedingte Veränderung der Drehung hätte Hrn. MASCART nicht entgehen können, und es ist somit sein negatives Resultat nur durch die Annahme zu erklären, dass, in der Formel für ω, k einen mit j/V^2 vergleichbaren Werth und das entgegengesetzte Vorzeichen wie j habe.

Ob nun, für Quarz und andere Körper, die beiden $\mathfrak{p}_x$ enthaltenden Glieder in jener Formel sich völlig aufheben, oder ob am Ende ein nachweisbarer Einfluss der Erdbewegung übrig bleibt, werden weitere Untersuchungen zu entscheiden haben.

Der Interferenzversuch MICHELSON'*s.*

§ 89. Wie zuerst von MAXWELL bemerkt wurde und aus einer sehr einfachen Rechnung folgt, muss sich die Zeit, die ein Lichtstrahl braucht, um zwischen zwei Punkten A und B hin und zurück zu gehen, ändern, sobald diese Punkte, ohne den Aether mit sich fortzuführen, eine gemeinschaftliche Verschiebung erleiden. Die Veränderung ist zwar eine Grösse zweiter Ordnung; sie ist jedoch gross genug, um mittelst einer empfindlichen Interferenzmethode nachgewiesen werden zu können.

Der Versuch wurde im Jahre 1881 von Hrn. MICHELSON ausgeführt[1]). Sein Apparat, eine Art Interferentialrefractor, hatte zwei gleich lange, horizontale, zu einander senkrechte Arme P und Q, und von den beiden mit einander interferirenden Lichtbündeln ging das eine längs dem Arme P und das andere längs dem Arme Q hin und zurück. Das ganze Instrument, die Lichtquelle und die Beobachtungsvorrichtung miteinbegriffen, liess sich um eine verticale Axe drehen, und es kommen besonders die beiden Lagen in Betracht, bei denen der Arm P, oder der Arm Q so gut wie möglich die Richtung der Erdbewegung hatte. Es wurde nun, auf Grund der FRESNEL'schen Theorie, eine Verschiebung der Interferenzstreifen bei der Rotation aus der einen jener „Hauptlagen" in die andere erwartet.

---

1) MICHELSON. American Journal of Science, 3d Ser., Vol. 22, p. 120, 1881.

Von dieser durch die Aenderung der Fortpflanzungszeiten bedingten Verschiebung — wir wollen dieselbe der Kürze halber die MAXWELL'sche Verschiebung nennen — wurde aber keine Spur gefunden, und so meinte Hr. MICHELSON denn schliessen zu dürfen, dass der Aether bei der Bewegung der Erde nicht in Ruhe bleibe, eine Folgerung freilich, deren Richtigkeit bald in Frage gestellt wurde. Durch ein Versehen hatte nämlich Hr. MICHELSON die nach der Theorie zu erwartende Veränderung der Phasendifferenzen auf das Doppelte des richtigen Werthes veranschlagt; verbessert man diesen Fehler, so gelangt man zu Verschiebungen, die durch Beobachtungsfehler gerade noch verdeckt werden konnten.

In Gemeinschaft mit Hrn. MORLEY hat dann später Hr. MICHELSON die Untersuchung wieder aufgenommen [1]), wobei er, zur Erhöhung der Empfindlichkeit, jedes Lichtbündel durch einige Spiegel hin und her reflectiren liess. Dieser Kunstgriff gewährte denselben Vortheil, als wenn die Arme des früheren Apparates beträchtlich verlängert worden wären. Die Spiegel wurden von einer schweren, auf Quecksilber schwimmenden, und also leicht drehbaren Steinplatte getragen. Im ganzen hatte jetzt jedes Bündel einen Weg von 22 Metern zu durchlaufen, und war nach der FRESNEL'schen Theorie, beim Uebergange von der einen Hauptlage zur anderen, eine Verschiebung von 0,4 der Streifendistanz zu erwarten. Nichtsdestoweniger ergaben sich bei der Rotation nur Verschiebungen von höchstens 0,02 der Streifendistanz; dieselben dürften wohl von Beobachtungsfehlern herrühren.

Darf man nun auf Grund dieses Resultates annehmen, dass der Aether an der Bewegung der Erde theilnehme, und also die STOKES'sche Aberrationstheorie die richtige sei? Die Schwierigkeiten, auf welche diese Theorie bei der Erklärung der Aberration stösst, scheinen mir zu gross zu sein, als dass ich dieser Meinung sein könnte, und nicht vielmehr versuchen sollte, den Widerspruch zwischen der FRESNEL'schen Theorie und dem MICHELSON'schen Ergebniss zu beseitigen. In der That

---

1) MICHELSON and MORLEY. American Journal of Science, 3d Ser., Vol. 34, p. 333, 1887; Phil. Mag., 5th Ser., Vol. 24, p. 449, 1887.

gelingt das mittelst einer Hypothese, welche ich schon vor einiger Zeit ausgesprochen habe [1]), und zu der, wie ich später erfahren, auch Hr. FITZGERALD [2]) gelangt ist. Worin dieselbe besteht, soll der nächste § zeigen.

§ 90. Zur Vereinfachung wollen wir annehmen, dass man mit einem Instrumente wie dem bei den ersten Versuchen benutzten arbeite, und dass bei der einen Hauptlage der Arm P genau in die Richtung der Erdbewegung falle. Es sei $\mathfrak{p}$ die Geschwindigkeit dieser Bewegung, und L die Länge jedes Armes, mithin $2L$ der Weg der Lichtstrahlen. Nach der Theorie [3]) bewirkt dann die Translation, dass die Zeit, in der das eine Lichtbündel an P·entlang hin und zurück geht, um

$$L . \frac{\mathfrak{p}^2}{V^3}$$

länger ist als die Zeit, in der das andere Bündel seinen Weg vollendet. Eben diese Differenz würde auch bestehen, wenn, ohne dass die Translation einen Einfluss·hätte, der Arm P um

$$L . \frac{\mathfrak{p}^2}{2 V^2}$$

länger wäre als der Arm Q. Aehnliches gilt von der zweiten Hauptlage.

Wir sehen also, dass die von der Theorie erwarteten Phasendifferenzen auch dadurch entstehen könnten, dass bei der Rotation des Apparates bald der eine, bald der andere Arm die grössere Länge hätte. Daraus folgt, dass dieselben durch

---

1) LORENTZ. Zittingsverslagen der Akad. v. Wet. te Amsterdam, 1892—93, p. 74.

2) Wie Hr. FITZGERALD mir freundlichst mittheilte, hat er seine Hypothese schon seit längerer Zeit in seinen Vorlesungen behandelt. In der Literatur habe ich dieselbe nur bei Hrn. LODGE, in der Abhandlung „Aberration problems" (London Phil. Trans., Vol. 184, A, p. 727, 1893) erwähnt gefunden.

Ich erlaube mir, hier noch hinzuzufügen, dass diese Abhandlung, ausser manchen theoretischen Betrachtungen, die Beschreibung sehr interessanter Experimente enthält, bei welchen zwei senkrecht auf derselben Axe befestigte Stahlscheiben (Durchmesser 1 Yard) mit grosser Geschwindigkeit rotirt wurden. Mittelst eines gewissen Interferenzverfahrens wurde untersucht, ob der zwischen den Scheiben befindliche Aether mitrotire; das Resultat war negativ, obgleich die Zahl der Umdrehungen in der Secunde auf 20 oder mehr gesteigert wurde. Hr. LODGE schliesst, dass die Scheiben dem Aether nicht den 800sten Theil ihrer Geschwindigkeit mitgetheilt haben.

3) Vgl. LORENTZ. Arch. néerl., T. 21, pp. 168—176, 1887.

entgegengesetzte Veränderungen der Dimensionen compensirt werden können.

Nimmt man an, dass der in der Richtung der Erdbewegung liegende Arm um

$$L \cdot \frac{\mathfrak{p}^2}{2V^2}$$

kürzer sei als der andere, und zugleich die Translation den Einfluss habe, der sich aus der Fresnel'schen Theorie ergibt, so ist das Resultat des Michelson'schen Versuches vollständig erklärt. Man hätte sich sonach vorzustellen, dass die Bewegung eines festen Körpers, etwa eines Messingstabes, oder der bei den späteren Versuchen benutzten Steinplatte, durch den ruhenden Aether hindurch einen Einfluss auf die Dimensionen habe, der, je nach der Orientirung des Körpers in Bezug auf die Richtung der Bewegung, verschieden ist. Würden z. B. die der Bewegungsrichtung parallelen Dimensionen im Verhältniss von 1 zu $1 + \delta$, und die zu derselben senkrechten im Verhältniss von 1 zu $1 + \varepsilon$ geändert, so müsste

$$\varepsilon - \delta = \frac{\mathfrak{p}^2}{2V^2} \ldots \ldots \ldots \ldots (119)$$

sein.

Es bliebe hierbei der Werth einer der Grössen δ und ε unbestimmt. Es könnte $\varepsilon = 0$, $\delta = - \dfrac{\mathfrak{p}^2}{2V^2}$ sein, aber auch $\varepsilon = \dfrac{\mathfrak{p}^2}{2V^2}$, $\delta = 0$, oder $\varepsilon = \dfrac{\mathfrak{p}^2}{4V^2}$, und $\delta = - \dfrac{\mathfrak{p}^2}{4V^2}$.

§ 91. So befremdend die Hypothese auch auf den ersten Blick erscheinen mag, man wird dennoch zugeben müssen, dass sie gar nicht so fern liegt, sobald man annimmt, dass auch die Molecularkräfte, ähnlich wie wir es gegenwärtig von den electrischen und magnetischen Kräften bestimmt behaupten können, durch den Aether vermittelt werden. Ist dem so, so wird die Translation die Wirkung zwischen zwei Molecülen oder Atomen höchstwahrscheinlich in ähnlicher Weise ändern, wie die Anziehung oder Abstossung zwischen geladenen Theilchen. Da nun die Gestalt und die Dimensionen eines festen Körpers in letzter Instanz durch die Intensität der Molecularwirkungen bedingt werden, so kann dann auch eine Aenderung der Dimensionen nicht ausbleiben.

In theoretischer Hinsicht wäre also nichts gegen die Hypothese einzuwenden. Was die experimentelle Prüfung derselben betrifft, so ist zunächst zu bemerken, dass die in Rede stehenden Verlängerungen und Verkürzungen ausserordentlich klein sind. Es ist $\mathfrak{p}^2/V^2 = 10^{-8}$, und somit würde, falls man $\varepsilon = 0$ setzt, die Verkürzung des einen Durchmessers der Erde etwa 6,5 c.M. betragen. Die Länge eines Meterstabes aber änderte sich, wenn man ihn aus der einen Hauptlage in die andere überführte, um $^1/_{200}$ Mikron. Wollte man so kleine Grössen wahrnehmen, so könnte man sich wohl nur von einer Interferenzmethode Erfolg versprechen. Man hätte also mit zwei zu einander senkrechten Stäben zu arbeiten und von zwei mit einander interferirenden Lichtbündeln das eine an dem ersten und das andere an dem zweiten Stabe entlang hin- und hergehen zu lassen. Hierdurch gelangte man aber wieder zu dem MICHELSON'schen Versuch und würde bei der Rotation gar keine Verschiebung der Streifen wahrnehmen. Umgekehrt wie wir es früher ausdrückten, könnte man jetzt sagen, dass die aus den Längenänderungen hervorgehende Verschiebung durch die MAXWELL'sche Verschiebung compensirt werde.

§ 92. Es ist beachtenswerth, dass man gerade zu den oben vorausgesetzten Veränderungen der Dimensionen geführt wird, wenn man *erstens*, ohne die Molecularbewegung zu berücksichtigen, annimmt, dass in einem sich selbst überlassenen festen Körper die auf ein beliebiges Molecül wirkenden Kräfte, Anziehungen oder Abstossungen, einander das Gleichgewicht halten, und *zweitens* — wozu freilich kein Grund vorliegt — auf diese Molecularkräfte das Gesetz anwendet, das wir im § 23 für die electrostatischen Wirkungen abgeleitet haben. Versteht man nämlich jetzt unter S_1 und S_2 nicht, wie in jenem Paragraphen, zwei Systeme geladener Theilchen, sondern zwei Systeme von Molecülen, — das zweite ruhend und das erste mit der Geschwindigkeit $\mathfrak{p}$ in der Richtung der x-Axe — , zwischen deren Dimensionen die früher angegebene Beziehung besteht, und nimmt man an, dass in beiden Systemen die x-Componenten der Kräfte dieselben seien, die y- und z-Componenten sich aber durch die im § 23 angegebenen Factoren von einander unterscheiden, so ist es klar, dass sich die Kräfte in S_1 aufheben werden, sobald dies in S_2 geschieht. Ist demnach S_2 der Gleichgewichtszustand eines ruhenden festen Körpers, so haben in S_1 die Molecüle gerade diejenigen Lagen, in denen sie unter dem Einflusse der Translation verharren können. Die Verschiebung würde diese Lagerung natürlich von selbst herbeiführen und also nach (24) eine Verkürzung in der Bewegungsrichtung im Verhältniss von 1 zu $\sqrt{1 - \dfrac{\mathfrak{p}^2}{V^2}}$ bewirken. Dieses führt zu den Werthen

$$\delta = -\frac{\mathfrak{p}^2}{2\,V^2}, \quad \varepsilon = 0,$$

was mit (119) übereinstimmt.

In Wirklichkeit befinden sich die Molecüle eines Körpers nicht in Ruhe, sondern es besteht in jedem „Gleichgewichtszustande" eine stationäre Bewegung. Inwiefern dieser Umstand bei der betrachteten Erscheinung von Einfluss ist, möge dahingestellt bleiben; jedenfalls lassen die Versuche der Hrn. Michelson und Morley wegen der unvermeidlichen Beobachtungsfehler einen ziemlich weiten Spielraum für die Werthe von δ und ε.

Die Polarisationsversuche Fizeau's.

§ 93. Beim schiefen Durchgange eines polarisirten Lichtbündels durch eine Glasplatte ändert sich im allgemeinen das Azimuth der Polarisation, und zwar ist diese Erscheinung abhängig von der Natur der Platte, sodass eine Vergrösserung oder Verkleinerung ihres Brechungsexponenten eine Drehung der Polarisationsebene des austretenden Lichtes zur Folge hat. Diese Thatsache war der Ausgangspunkt für die im Jahre 1859 von Hrn. Fizeau [1]) mit Glassäulen ausgeführten Versuche, deren Resultat in hohem Maasse unsere Beachtung verdient. Der benutzte Apparat bestand aus einem polarisirenden Prisma,

---

1) Fizeau. Ann. de chim. et de phys., 3e sér., T. 58, p. 129, 1860; Pogg. Ann., Bd. 114, p. 554, 1861.

einer Anzahl hinter einander gestellter Glassäulen und einem
Analysator. Zur Zeit der Sonnenwende, meistens um die Mit-
tagsstunde, wurde die Vorrichtung zuerst mit dem Polarisator
nach Osten, und dem Analysator nach Westen gekehrt, und
dann in die entgegengesetzte Richtung gebracht, während jedesmal ein Bündel Sonnenstrahlen mittelst zweckmässig gestellter Spiegel hindurchgeschickt wurde. Obgleich sich in den
Einstellungen des Analysators mancherlei Unregelmässigkeiten
zeigten, schien doch im ganzen eine constante Differenz zwischen den für die beiden Lagen erhaltenen Ablesungen zu bestehen.

Als ich die gegenwärtige Theorie entwickelte, hoffte ich
anfangs, diese Differenzen erklären zu können, sah mich jedoch
alsbald in meiner Erwartung getäuscht. Sind die von mir aufgestellten Gleichungen richtig, so kann ein Einfluss, wie der
von Hrn. Fizeau erwartete, nicht bestehen. Den Beweis hierfür soll der nächste Paragraph erbringen.

§ 94. Da mit weissem Licht gearbeitet wurde und die Drehung
der Polarisationsebene in den Glassäulen nicht für alle Farben
dieselbe ist, so war es nöthig, die hieraus entspringende Dispersion zu compensiren. Es dienten dazu circularpolarisirende
Flüssigkeiten, Citronenöl oder Terpentin, bisweilen auch dünne,
senkrecht zur Axe geschliffene Quarzplatten. Zur Vereinfachung wollen wir indess annehmen, dass das Licht homogen
sei, und dass also keine derartigen Stoffe im Apparat vorhanden sind. Der Satz, den wir im § 59 abgeleitet haben, ist
dann ohne weiteres anwendbar, da er für jedes beliebige System einfach- oder doppelbrechender Körper gilt.

Es soll nun ein idealer Versuch bei ruhender Erde mit
einem wirklichen Versuche verglichen werden, bei dem der
Apparat in Bezug auf die Erdbewegung in beliebiger Weise
orientirt ist. Im ersteren Falle soll der Polarisator Strahlen von
der Richtung s und der Schwingungsdauer T empfangen; den
Analysator denke man sich dabei so gestellt, dass er kein Licht
durchlässt. Im zweitgenannten Falle soll der „correspondirende"
Bewegungszustand (§ 59) bestehen. Dazu muss das einfallende
Licht die relative Schwingungsdauer T (§ 60, a), und noch
immer die Strahlenrichtung s (§ 60, b) haben. Hinter dem Ana-

lysator wird es wieder dunkel sein (§ 60, *b*), und man darf
also schliessen:

Welche Richtung auch die Erdbewegung haben mag, ob vom
Polarisator zum Analysator hin, oder umgekehrt, immer wird
bei der vorausgesetzten Stellung des Analysators das Licht
ausgelöscht werden, sofern nur an der relativen Schwingungsdauer und an der Richtung der Strahlen in Bezug auf den
Apparat nichts geändert wird.

Diesen Bedingungen würden nun die Versuche offenbar ent-
sprochen haben, wenn die Sonne homogenes Licht ausgestrahlt
hätte. Die relative Schwingungsdauer wäre dann so gewesen, wie
es das Doppler'sche Gesetz verlangt, und zwar bei jeder Stellung des Apparates. Was die Richtung der Strahlen in Beziehung
auf die Glassäulen betrifft, so ist sie bei den verschiedenen
Ablesungen wohl nicht genau dieselbe gewesen; einen Fehler
hat das aber nicht herbeiführen können, da ein Einfluss einer
kleinen Richtungsveränderung des einfallenden Lichtes dem
Beobachter schwerlich entgangen wäre.

§ 95. Die Erscheinung, welche Hr. Fizeau erwartet hatte
und wirklich beobachtet zu haben glaubte, hätte auch bei
Anwendung homogenen Lichtes eintreten müssen. Wir stossen
hier somit auf einen Widerspruch, den ich nicht zu lösen vermag. Eine Fehlerquelle, von der bestimmt behauptet werden
könnte, dass sie die Differenzen in den Analysatorstellungen verursacht habe, konnte ich nicht entdecken. Die ein-
geschalteten circularpolarisirenden Stoffe hatten wohl eine viel
zu geringe Dicke, um den im § 87 betrachteten Einfluss der
Erdbewegung hervortreten zu lassen. Ebenso wenig ist an
eine Wirkung des Erdmagnetismus zu denken. Das einzige
wäre vielleicht noch, dass die beiden östlich und westlich vom
Apparate aufgestellten Spiegel nicht immer Licht von derselben Beschaffenheit empfangen hätten. Um nämlich die Sonnenstrahlen bald nach dem einen, bald nach dem anderen
Spiegel zu reflectiren, musste der Heliostat verschiedene Stel-
lungen haben; zwischen den Winkeln, unter welchen er
das Licht in beiden Fällen zurückwarf, bestand eine vom
Stande der Sonne abhängige Differenz, und bekanntlich hat das
von einer Metallfläche reflectirte Licht nicht bei allen Einfalls-

richtungen dieselbe Zusammensetzung. Da die gegenseitige
Stellung der Spiegel mir nicht bekannt war, so habe ich den
Einfluss dieses Fehlers nicht berechnen können; es war nur
möglich, denselben ganz oberflächlich zu schätzen, indem ich
über jene Stellung eine geeignete Annahme machte und die gewöhnlichen Formeln für die Metallreflexion anwandte. Auf diese
Weise führte die Rechnung allerdings zu einer Verschiedenheit
in den Analysatorstellungen bei den beiden Lagen des Apparates, die aber entschieden kleiner war als die von Hrn.
Fizeau beobachteten Differenzen. Zu bemerken ist übrigens,
dass bei einer der Versuchsreihen der Heliostatenspiegel durch ein
totalreflectirendes Prisma ersetzt wurde und dass dieses ohne
Einfluss auf die Ergebnisse gewesen zu sein scheint.

Alles zusammengenommen, drängt sich uns die Frage auf,
ob es nicht möglich wäre, die Theorie den Beobachtungen an-
zupassen, ohne dass sie aufhörte, von den übrigen in dieser
Arbeit behandelten Erscheinungen Rechenschaft zu geben. Mir
hat das nicht gelingen wollen, und muss ich also die ganze
Frage offen lassen, in der Hoffnung, dass vielleicht Andere
die noch bestehenden Schwierigkeiten überwinden werden.

Dass die Verbesserung der Theorie aber nicht so ganz leicht
sein wird, und dass sich bei den Versuchen Fizeau's die Erscheinungen jedenfalls nicht so zugetragen haben, wie sie derselbe in seinen einleitenden Betrachtungen gedeutet hat, das
möchte ich nun schliesslich noch darthun.

Es wird genügen, zu diesem Zwecke eine einzelne Glasplatte
zu betrachten. Zerlegt man die Translationsgeschwindigkeit in
zwei Componenten, die senkrecht zur Platte, resp. derselben
parallel sind, so werden, falls man von Grössen zweiter Ordnung
absieht, die Wirkungen dieser Componenten neben einander
bestehen. Das Problem lässt sich somit auf zwei einfachere
Fälle zurückführen. Es ist nun möglich, ohne specielle Annahmen über die Natur der Lichtschwingungen, nachzuweisen, dass eine Translation senkrecht zur Platte den von Hrn.
Fizeau erwarteten Einfluss *nicht* haben kann; wir werden das
aus gewissen allgemeinen Betrachtungen ableiten. Was die
andere Richtung der Translation betrifft, so können wir nicht
so bestimmt sprechen; es lässt sich nur zeigen, dass sich die

bewegte Platte gewiss nicht so verhält, wie eine ruhende von etwas anderem Brechungsexponenten.

§ 96. Wir betrachten zwei isotrope, durch eine Ebene von einander getrennte Medien, deren ponderable Theile entweder ruhen, oder sich mit einer gemeinschaftlichen Geschwindigkeit p, in einer zur Grenzfläche senkrechten Richtung, verschieben. Wird von dieser Fläche ein Theil, dessen Dimensionen erheblich grösser als die Wellenlänge sind, von ebenen Wellen getroffen, die seitlich von einem an der Translation theilnehmenden Cylinder begrenzt sind, so geben die Spiegelung und Brechung zu zwei ähnlichen Lichtbündeln Anlass. Jede Theorie der Aberration hat nun anzunehmen, dass, unabhängig von der Translation, die beschreibenden Linien der cylindrischen Grenzflächen, die *relativen Lichtstrahlen*, den gewöhnlichen Gesetzen der Reflexion und Brechung unterliegen.

Demgemäss können wir uns ein für alle Mal *vier* Cylinder: 1, 2, 3, 4, wie die obengenannten, — wir wollen sagen „vier *Lichtbahnen*" —, denken, von denen 1 und 2 in dem ersten, 3 und 4 in dem zweiten Medium liegen, und die folgendermaassen zusammengehören. Aus einer einfallenden Bewegung in 1 soll eine reflectirte in 2, und eine durchgelassene in 4 entstehen, während auch ein einfallendes Bündel in 3 zu Bewegungen in 2 und 4 Veranlassung gibt. Umgekehrt werden dann einfallende Schwingungen in 2 oder 4 Bewegungen in den Bahnen 1 und 3 erregen.

Zur Vereinfachung nehmen wir noch an [1]), dass der vom Licht getroffene Theil der Grenzfläche zwei zu einander senkrechte Symmetrieaxen habe, deren eine in der Einfallsebene der Strahlen liegt. Die aus den vier Lichtbahnen bestehende Figur hat dann zwei durch je eine dieser Axen und die Normale der Grenzfläche gehende Symmetrieebenen. Die mit der Einfallsebene zusammenfallende möge die *erste*, die andere die *zweite* Symmetrieebene heissen.

§ 97. Von den das Licht constituirenden Abweichungen vom Gleichgewichtszustande soll angenommen werden, dass sie zu

---

1) Wir können diese Annahme nachträglich fallen lassen, da ja das Verhältniss der Intensitäten der Lichtbündel unabhängig von der Grösse und Gestalt der Querschnitte ist.

den *Vectorgrössen* gehören. Kommen mehrere derartige Grössen
in Betracht, wie z. B. in der electromagnetischen Lichttheorie die
dielectrische Polarisation, die electrische Kraft, die magnetische
Kraft, oder gar die früheren Vectoren $\mathfrak{D}'$ und $\mathfrak{H}'$, so haben wir
uns vorzustellen, dass für einen bestimmten Körper, bei gege-
bener Strahlenrichtung, relativer Schwingungszeit und Translation, diese Vectoren sämmtlich durch einen derselben bestimmt
seien. Es wird deshalb genügen, *einen* der Vectoren zur Betrachtung auszuwählen. Wir nennen diesen den *Lichtvector* und
führen folgende Voraussetzungen ein, in denen theils eine
Hypothese über die Natur der Körper und des Lichtes, theils
eine Beschränkung in der Wahl des Lichtvectors liegt.

1°. Besteht in einem System von Körpern ein Bewegungszustand, bei dem die Componenten des Lichtvectors gewisse
Functionen der relativen Coordinaten und der Zeit t sind, so
stellen auch die Functionen, die sich ergeben, wenn man t durch
$-t$ ersetzt, Werthe der Componenten dar, welche einer möglichen Bewegung entsprechen. Nur hat man bei dieser Umkehrung
der Bewegungen auch die Geschwindigkeit $\mathfrak{p}$ umzukehren.

2°. Man gelangt gleichfalls zu einer möglichen Bewegung,
wenn man das Spiegelbild einer beliebigen, gegebenen Bewegung in Bezug auf eine ruhende Ebene nimmt, und zwar in der
Weise, dass man sowohl die Translationsgeschwindigkeit, als
auch sämmtliche Lichtvectoren durch die Spiegelbilder ersetzt.

Haben wir es mit dem reinen Aether zu thun, so entsprechen wir diesen Voraussetzungen, wenn wir die dielectrische
Verschiebung als Lichtvector wählen.

§ 98. In einem *polarisirten* Lichtbündel ist der Lichtvector
an allen Stellen einer bestimmten Geraden parallel; er lässt sich
in drei zu einander senkrechte Componenten zerlegen, deren
erste die Richtung des Strahles hat, während die zweite in der
Einfallsebene liegt und die dritte senkrecht auf derselben steht.
Da nun die Eigenschaften eines polarisirten Bündels, ausser
von der Intensität und Schwingungsdauer, nur noch von *einer*
Grösse — etwa dem Azimuthe des Polarisators — abhängen,
so müssen die Verhältnisse zwischen den genannten Componenten ganz bestimmte Werthe haben, sobald das Verhältniss zwischen der zweiten und dritten gegeben ist; dieses *eine* Verhält-

niss muss aber jeden beliebigen Werth erhalten können. Es lässt sich dies auch so ausdrücken: Zerlegt man den Lichtvector in zwei Componenten, deren eine die Richtung des Strahls hat, während die andere senkrecht zu demselben steht, so lässt sich letztere beliebig um den Strahl herumdrehen, und ist bei jeder Richtung derselben das Verhältniss zwischen beiden bestimmt.

Der Bewegungszustand ist somit völlig bekannt, sobald die Natur des Körpers, die Translation, die relative Periode, die Strahlenrichtung und endlich die Richtung und Grösse der „transversalen" Componente des Lichtvectors gegeben sind. Wo im weiteren von dem Lichtvector die Rede ist, werden wir darunter nur jene transversale Componente verstehen.

Steht nun dieser Vector in dem einfallenden Lichte senkrecht zur Einfallsebene, so muss er auch in dem reflectirten und durchgelassenen Bündel dieselbe Richtung haben; gleicherweise muss der Lichtvector in diesen Bündeln der Einfallsebene parallel sein, sobald der Lichtvector des einfallenden Lichtes in dieser Ebene liegt. Um diese Sätze zu begründen, hat man nur das Spiegelbild des ganzen Bewegungszustandes in Bezug auf die erste Symmetrieebene zu betrachten. Es habe z. B. der Lichtvector der einfallenden Wellen die erste der obengenannten Richtungen. Bei dem Uebergange zum Spiegelbilde erhält dieser Vector die entgegengesetzte Richtung, oder, wie man auch sagen kann, die entgegengesetzte Phase; der Lichtvector der beiden anderen Lichtbündel muss sich dann in derselben Weise ändern, woraus sich die Richtigkeit der obigen Behauptung unmittelbar ergibt.

Das Problem ist jetzt auf die beiden Hauptfälle zurückgeführt, dass die Lichtvectoren überall senkrecht zur Einfallsebene stehen, oder überall in derselben liegen. Bei der weiteren Untersuchung ist stets an einen dieser Fälle zu denken; sie gilt indessen für den einen Fall so gut wie für den anderen.

Bei jeder Lichtbahn nennen wir eine bestimmte Richtung des Lichtvectors positiv, und zwar soll diese Richtung in dem ersten Hauptfall für alle Lichtbahnen dieselbe sein, während in dem zweiten Hauptfall die für 2 und 4 gewählten positiven Richtungen die Spiegelbilder der für 1 und 3 angenommenen in Bezug auf die zweite Symmetrieebene sind.

Um schliesslich die Schwingungen bequem darstellen zu

können, fassen wir zwei Punkte P und Q ins Auge, welche diesseit und jenseit der Grenzfläche, in unveränderlicher Entfernung von derselben, auf der Schnittlinie der beiden Symmetrieebenen liegen.

Es gehöre P dem Raume an, in dem sich 1 und 2 überdecken. Ebenso liege Q gleichzeitig in 3 und 4. Es sollen immer nur die Werthe der Lichtvectoren in P und Q angegeben werden.

§ 99. Hat der Lichtvector in einer einfallenden Bewegung den Werth

$$q \, cos \left(2 \, \pi \, \frac{t}{T} + r \right),$$

so wird er für ein daraus entstehendes, reflectirtes oder durchgelassenes Bündel dargestellt werden können durch

$$a \, q \, cos \left(2 \, \pi \, \frac{t}{T} + r - b \right),$$

worin a und b gewisse Constanten sind. Um die verschiedenen Fälle von einander zu unterscheiden, wollen wir jeder dieser Grössen zwei Indices anhängen, deren erster sich auf die Bahn des einfallenden Lichtes, und deren zweiter sich auf das daraus entstehende Bündel bezieht; ausserdem beziehen sich die *ohne* Strich gelassenen a und b auf den Fall, dass die Translation nach der Seite des einfallenden Lichtes gerichtet ist, während die *mit* einem Strich versehenen Buchstaben für eine gleiche und entgegengesetzte Verschiebung gelten.

Es bestehe nun, während das System nach der Seite des ersten Mediums fortschreitet, in der Lichtbahn 1 eine einfallende Bewegung, bei welcher der Lichtvector den Werth

$$cos \, 2 \, \pi \, \frac{t}{T}$$

hat. Daraus entstehen in 2 und 4 die durch

$$a_{1.2} \, cos \left(2 \, \pi \, \frac{t}{T} - b_{1.2} \right)$$

und

$$a_{1.4} \, cos \left(2 \, \pi \, \frac{t}{T} - b_{1.4} \right)$$

dargestellten Lichtbündel.

Sodann denken wir uns diesen Bewegungszustand umgekehrt. Erstens nehmen wir also an, dass die Translation von dem ersten Medium abgewandt sei und zweitens ersetzen wir t durch — t. Wir finden dann, dass in 1 der Lichtvector

$$cos\ 2\,\pi\,\frac{t}{T}$$

entsteht, wenn in den Bahnen 2 und 4 die einfallenden Bewegungen

$$a_{1.2}\ cos\left(2\,\pi\,\frac{t}{T} + b_{1.2}\right) \ \cdots \cdots \ (120)$$

und

$$a_{1.4}\ cos\left(2\,\pi\,\frac{t}{T} + b_{1.4}\right) \ \cdots \cdots \ (121)$$

bestehen.

Da aber der Lichtvector, den die Bewegung (120) in der ersten Bahn hervorbringt, den Werth

$$a_{1.2}\ a'_{2.1}\ cos\left(2\,\pi\,\frac{t}{T} + b_{1.2} - b'_{2.1}\right)$$

hat, und ebenso der aus (121) entstehende Lichtvector durch den Ausdruck

$$a_{1.4}\ a_{4.1}\ cos\left(2\,\pi\,\frac{t}{T} + b_{1.4} - b_{4.1}\right)$$

darzustellen ist, so muss

$$a_{1.2}\ a'_{2.1}\ cos\left(2\,\pi\,\frac{t}{T} + b_{1.2} - b'_{2.1}\right) + a_{1.4}\ a_{4.1}\ cos\left(2\,\pi\,\frac{t}{T} + b_{1.4} - b_{4.1}\right) =$$

$$= cos\ 2\,\pi\,\frac{t}{T}$$

sein. Daraus folgt

$$a_{1.2}\ a'_{2.1}\ cos\,(b_{1.2} - b'_{2.1}) + a_{1.4}\ a_{4.1}\ cos\,(b_{1.4} - b_{4.1}) = 1\,, \quad (122)$$

und

$$a_{1.2}\ a'_{2.1}\ sin\,(b_{1.2} - b'_{2.1}) + a_{1.4}\ a_{4.1}\ sin\,(b_{1.4} - b_{4.1}) = 0\,. \quad (123)$$

§ 100. Zu einer einfachen Beziehung führt nun folgende Bemerkung. Geht man von einem Zustande aus, bei dem das einfallende Licht der Bahn 1 folgt, und nimmt man das Spiegelbild in Bezug auf die zweite Symmetrieebene (§ 96), so gelangt man zu einem Zustande, bei welchem das Licht in 2 einfällt. Es muss folglich

$$a_{2.1} = a_{1.2}\,, \quad b_{2.1} = b_{1.2}\,. \ \cdots \cdots \ (124)$$

sein, und gleicherweise

$$a'_{2.1} = a'_{1.2}\,, \quad b'_{2.1} = b'_{1.2} \ \cdots \cdots \ (125)$$

Für die in (123) eingehende Differenz $b_{1.2} - b'_{2.1}$ darf man also setzen $b_{1.2} - b'_{1.2}$, was offenbar von der Ordnung $\mathfrak{p}/V$ ist, da sich die Grössen $b_{1.2}$ und $b'_{1.2}$ nur dadurch von einander unterscheiden, dass sie sich auf verschiedene Translationsrichtungen beziehen.

Nach (123) muss nun auch $sin\,(b_{1.4} - b_{4.1})$ von der Ordnung $\mathfrak{p}/V$ sein. Da man weiter, ohne etwas an der Sache zu ändern, $b_{4.1}$ um ein gerades Vielfaches von π vergrössern oder verkleinern kann, und auch um ein ungerades Vielfaches von π, wenn man nur zugleich das Vorzeichen von $a_{4.1}$ umkehrt, so darf man annehmen, dass auch der Winkel $b_{1.4} - b_{4.1}$ selbst von der Ordnung $\mathfrak{p}/V$ sei. Die beiden Cosinus in (122) differiren dann von der Einheit nur um Grössen zweiter Ordnung, sodass wir setzen dürfen

$$a_{1.2}\, a'_{2.1} + a_{1.4}\, a_{4.1} = 1.$$

In derselben Weise ist

$$a'_{1.2}\, a_{2.1} + a'_{1.4}\, a'_{4.1} = 1,$$

und unter Beachtung von (124) und (125) finden wir also

$$a_{1.4}\, a_{4.1} = a'_{1.4}\, a'_{4.1}.$$

Gesetzt nun, es werde, ähnlich wie bei den FIZEAU'schen Versuchen, eine planparallele Glasplatte, auf deren beiden Seiten sich der Aether befindet, in schiefer Richtung von einem Lichtbündel getroffen, dessen Lichtvector eine der oben unterschiedenen Richtungen hat, das also entweder in der Einfallsebene, oder senkrecht zu derselben polarisirt ist. Das Verhältniss, in dem die Amplitude bei dem Eintritt in das Glas verringert wird, lässt sich dann, je nach der Translationsrichtung, durch $a_{1.4}$ oder $a'_{1.4}$ darstellen, und ebenso, wie man leicht sieht, das entsprechende Verhältniss bei dem Austritt aus der Platte durch $a_{4.1}$ oder $a'_{4.1}$. Im ganzen ändert sich also die Amplitude im Verhältniss von 1 zu $a_{1.4}\, a_{4.1}$ oder $a'_{1.4}\, a'_{4.1}$. Da nun diese Producte denselben Werth haben, so ändert die Umkehrung der Translation nichts an der Intensität des austretenden Lichtes, die also bis auf Grössen zweiter Ordnung dieselbe sein muss, wie wenn die Platte stillstände. Dies gilt für die beiden Hauptlagen der Polarisationsebene; folglich muss, wenn die einfallenden Strahlen in beliebiger Weise linear polarisirt sind, die Schwingungsrichtung des durchgelassenen Lichtes unabhängig von der Translation sein.

Hierbei ist zu bemerken, dass sowohl für die in der Einfallsebene, als auch für die senkrecht zur Einfallsebene polarisirte Componente der FRESNEL'sche Fortführungscoefficient anzunehmen ist. Beide pflanzen sich daher mit derselben Geschwindigkeit fort, wodurch eine Phasendifferenz zwischen denselben und eine elliptische Polarisation des durchgelassenen Lichtes ausgeschlossen sind.

§ 101. Ist die Richtung der Translation nicht, wie es in dem letzten Paragraphen angenommen wurde, senkrecht zur Grenzfläche, sondern derselben parallel, so muss noch unterschieden werden, ob sie in der Einfallsebene liegt, oder senkrecht auf derselben steht. Wir wollen nur den ersten Fall betrachten und uns überdies auf in der Einfallsebene polarisirtes Licht beschränken.

Zunächst sei daran erinnert, wie man für solches Licht und für ruhende Körper zu dem Werth der reflectirten Amplitude gelangt. Wählt man die Grenzfläche zur $y\,z$-, und die Einfallsebene zur $x\,z$-Ebene, und stellt man sich auf den Boden der electromagnetischen Lichttheorie, so ist $\mathfrak{E}_x = \mathfrak{E}_z = 0$, und auch $\mathfrak{H}_y = 0$ zu setzen, während die Grenzbedingungen in der Continuität von $\mathfrak{E}_y$, $\mathfrak{H}_x$ und $\mathfrak{H}_z$ bestehen. Da nun in jedem der beiden Medien nach der Gleichung (IV$_c$) (§ 52)

$$\frac{\partial\,\mathfrak{H}_x}{\partial\,t} = \frac{\partial\,\mathfrak{E}_y}{\partial\,z}, \text{ und } \frac{\partial\,\mathfrak{H}_z}{\partial\,t} = -\frac{\partial\,\mathfrak{E}_y}{\partial\,x}$$

ist, so ist die Continuität von $\mathfrak{H}_x$ und $\mathfrak{H}_z$ gleichbedeutend mit der Continuität von $\partial\,\mathfrak{E}_y/\partial\,z$ und $\partial\,\mathfrak{E}_y/\partial\,x$. Der erste dieser Differentialquotienten wird aber stetig sein, sobald $\mathfrak{E}_y$ selbst es ist, und man hat es also am Ende nur noch mit $\mathfrak{E}_y$ und $\dfrac{\partial\,\mathfrak{E}_y}{\partial\,x}$ zu thun.

In der That — und diese Bemerkung gilt für jede Lichttheorie — ergibt sich die bekannte FRESNEL'sche Formel, sobald man annimmt, dass diese oder jene bei den Schwingungen in Betracht kommende Grösse, und gleichzeitig ihr Differentialquotient nach der Normale zur Grenzfläche, stetig sei.

Bei ebenen Wellen kommt eine Differentiation nach x auf dasselbe hinaus, als ob man nach t differenzirte und dann mit einem von der Richtung und der Geschwindigkeit der Wellen

abhängigen Factor m multiplicirte. Bezeichnen wir nun für das
einfallende, reflectirte und durchgelassene Licht die Werthe der
soeben erwähnten Grösse in der unmittelbaren Nähe der Grenzfläche durch

$$\varPhi_1(t), \quad \varPhi'_1(t) \quad \text{und} \quad \varPhi_2(t),$$

und die Werthe von m mit

$$m_1, \quad m'_1 \quad \text{und} \quad m_2,$$

so erhalten wir als Grenzbedingungen

$$\varPhi_1(t) + \varPhi'_1(t) = \varPhi_2(t)$$

und

$$m_1 \frac{\partial \varPhi_1(t)}{\partial t} + m'_1 \frac{\partial \varPhi'_1(t)}{\partial t} = m_2 \frac{\partial \varPhi_2(t)}{\partial t}.$$

Die letzte Formel führt — sofern man von additiven Constanten absieht — auf

$$m_1 \varPhi_1(t) + m'_1 \varPhi'_1(t) = m_2 \varPhi_2(t),$$

und es ergibt sich dann weiter durch Elimination von $\varPhi_2(t)$

$$\varPhi'_1(t) = \frac{m_1 - m_2}{m_2 - m'_1} \varPhi_1(t).$$

Dass nun, bei festgehaltener Richtung des einfallenden Lichtes, die Amplitude des reflectirten Bündels von dem Brechungsexponenten des zweiten Körpers abhängt, rührt daher, dass,
wie man leicht erkennen wird, m_2 sich mit diesem Exponenten
ändert.

Im nächsten Paragraphen soll nun aber gezeigt werden, dass
dieses m_2, so lange die Richtung der einfallenden relativen
Strahlen dieselbe bleibt, von einer Translation in der Richtung
der z-Axe nicht berührt wird. Dürften wir also annehmen,
dass auch bei einer sich verschiebenden Platte die Grenzbedingungen in der Continuität einer gewissen Grösse $\varPhi$ und ihres
Differentialquotienten $\partial \varPhi / \partial x$ bestehen, so hätten wir wenigstens
für in der Einfallsebene polarisirtes Licht die Unmöglichkeit
der von Hrn. Fizeau gesuchten Erscheinung dargethan. In
Wirklichkeit ist jene Annahme über die Grenzbedingungen ohne
nähere Untersuchungen allerdings nicht zulässig; das Angeführte
zeigt aber immerhin, dass die bewegte Platte keineswegs wie
eine ruhende von etwas anderem Brechungsexponenten wirkt.

§ 102. Es seien, in Bezug auf die oben eingeführten Axen,

$$\cos\alpha, \quad 0, \quad \sin\alpha$$

die Richtungsconstanten der auf die Platte fallenden relativen Strahlen. Unter Vernachlässigung von Grössen zweiter Ordnung erhalten wir hieraus durch Anwendung des Grundgesetzes der Aberration die Richtung der Wellennormale; wir haben nämlich eine Geschwindigkeit V in der Richtung der Strahlen mit der Translationsgeschwindigkeit $\mathfrak{p}$ zusammenzusetzen. Ist nun letztere der z-Axe parallel, so werden die Richtungsconstanten der Wellennormale

$$\cos\alpha', \quad 0, \quad \sin\alpha',$$

worin

$$\alpha' = \alpha + \frac{\mathfrak{p}_z}{V}\cos\alpha$$

ist.

Die absolute Geschwindigkeit der Wellen ist V; die relative V' aber wird gefunden, wenn man V um die Componente von $\mathfrak{p}$ nach der Wellennormale vermindert. Werden unter x, y, z relative Coordinaten verstanden, so gelten mithin für das einfallende Licht Ausdrücke von der Form

$$A\cos\frac{2\pi}{T}\left(t - \frac{x\cos\alpha' + z\sin\alpha'}{V'} + B\right),$$

oder

$$A\cos\frac{2\pi}{T}\left(t - \frac{x\cos\alpha + z\sin\alpha}{V} - \frac{\mathfrak{p}_z z}{V^2} + B\right)\ldots (126)$$

Andererseits haben wir für das Glas den FRESNEL'schen Mitführungscoefficienten anzunehmen. Folglich ist, wenn wir die Fortpflanzungsgeschwindigkeit im ruhenden Glase durch W, und die Richtungsconstanten der Wellennormale in der Platte durch

$$\cos\beta, \quad 0, \quad \sin\beta$$

bezeichnen, für die relative Geschwindigkeit der Wellen in Bezug auf das Glas, nach (82), zu setzen

$$W' = W - \mathfrak{p}_z \sin\beta \, \frac{W^2}{V^2} \ldots\ldots\ldots (127)$$

Für das Licht in der Platte gelten jetzt Ausdrücke von der Form

$$A' \cos \frac{2\,\pi}{T}\left(t - \frac{x \cos \beta + z \sin \beta}{W'} + B'\right), \; \cdots \; (128)$$

und diese werden sich nur dann in allen Punkten der Grenzfläche den einfallenden Schwingungen anschliessen, wenn der
Coefficient von z derselbe ist wie in der Formel (126).

Wir haben demnach

$$\sin \beta = \left(W - \mathfrak{p}_z \sin \beta \, \frac{W^2}{V^2}\right)\left(\frac{\sin \alpha}{V} + \frac{\mathfrak{p}_z}{V^2}\right),$$

oder, wenn wir den Brechungswinkel in der ruhenden Platte
β_0 nennen, sodass

$$\sin \beta_0 = \frac{W}{V} \sin \alpha$$

ist,

$$\sin \beta = \sin \beta_0 + \frac{W \mathfrak{p}_z}{V^2} \cos^2 \beta_0.$$

Hieraus folgt

$$\cos \beta = \cos \beta_0 - \frac{W \mathfrak{p}_z}{V^2} \sin \beta_0 \cos \beta_0. \; \cdots \; (129)$$

Aus (128) ergibt sich aber für den Factor, den wir oben m_2
genannt haben, der Werth

$$- \frac{\cos \beta}{W'},$$

und dieser ist, wie aus (127) und (129) hervorgeht, wirklich
unabhängig von der Translation.

ZUSAMMENSTELLUNG DER WICHTIGSTEN BEZEICHNUNGEN.

ρ Dichtigkeit einer electrischen Ladung.

e Ladung eines Ions.

m Masse   „   „

V Geschwindigkeit des Lichtes im Aether.

t Zeit.

t' Ortszeit (§ 31).

T Schwingungsdauer.

$\mathfrak{v}$ Geschwindigkeit eines Ions.

$\mathfrak{p}$ Translationsgeschwindigkeit der ponderablen Materie.

$\mathfrak{q}$ Verschiebung eines Ions aus der Gleichgewichtslage.

$\mathfrak{m}$ Electrisches Moment eines Molecüls.

$\mathfrak{M}$ „   „   der Volumeinheit der ponderablen Materie.

$\mathfrak{d}$ Dielectrische Verschiebung im Aether.

$\mathfrak{D}$ „   Polarisation in einem ponderablen Körper.

$\mathfrak{S}$ Electrischer Strom.

$\mathfrak{E}$ Electrische Kraft.

$\mathfrak{F}$ „   „   für ruhende Ionen.

$\mathfrak{H}$ Magnetische Kraft.